电工速查手册系列

U0183275

图解·视频·案例

PLC
梯形图、语句表、编程、控制应用
速查手册

新手必读

天诚电图 编著

中国水利水电出版社
www.waterpub.com.cn

·北京·

内容提要

本书是一本专门讲解PLC专业知识、编程方法及应用技能的专业图书。

本书以国家职业资格标准为指导，结合行业培训规范，依托典型案例，全面、细致地介绍了PLC编程基础、编程语言、编程方法、触摸屏及PLC控制应用等专业知识和实用技能。

本书内容包含电气控制电路基础、PLC的种类和功能特点、电气部件的功能特点与控制关系、PLC的结构组成和工作原理、PLC的编程方式与编程软件、西门子PLC梯形图、西门子PLC语句表、西门子PLC编程、三菱PLC梯形图、三菱PLC语句表、三菱PLC编程、PLC触摸屏、PLC编程应用案例等。

本书采用全彩图解的方式，讲解全面详细，理论和实践操作相结合，内容由浅入深，语言通俗易懂，非常方便读者学习。

为了提升学习体验，《PLC梯形图、语句表、编程、控制应用速查手册（图解·视频·案例）》采用微视频讲解互动的全新教学模式，在重要知识点相关图文的旁边附印了二维码。读者只要用手机扫描书中相关知识点的二维码，即可在手机上实时观看对应的教学视频，轻松领会相关知识。这不仅进一步方便了学习，而且大大提升了本书内容的学习价值。

本书可供电子电工初学者及从事PLC编程的专业技术人员学习使用，也可供职业院校、培训学校相关专业的师生和电子爱好者阅读。

图书在版编目（CIP）数据

PLC梯形图、语句表、编程、控制应用速查手册：图解·视频·案例 / 天诚电图编著. -- 北京：中国水利水电出版社, 2024.7 (2024.12重印). -- ISBN 978-7-5226-2515-7

Ⅰ. TM571.61-62

中国国家版本馆CIP数据核字第2024NH5181号

书　　名	PLC梯形图、语句表、编程、控制应用速查手册（图解·视频·案例） PLC TIXINGTU YUJUBIAO BIANCHENG KONGZHI YINGYONG SUCHA SHOUCE	
作　　者	天诚电图　编著	
出版发行	中国水利水电出版社	
	（北京市海淀区玉渊潭南路 1 号 D座　100038）	
	网址：www.waterpub.com.cn	
	E-mail：zhiboshangshu@163.com	
	电话：（010）62572966-2205/2266/2201（营销中心）	
经　　售	北京科水图书销售有限公司	
	电话：（010）68545874、63202643	
	全国各地新华书店和相关出版物销售网点	
排　　版	北京智博尚书文化传媒有限公司	
印　　刷	北京富博印刷有限公司	
规　　格	148mm×210mm　32开本　8.25印张　406千字	
版　　次	2024 年 7 月第 1 版　2024 年 12 月第 3 次印刷	
印　　数	6001—11000 册	
定　　价	59.00元	

前言

　　PLC编程语言、编程方法及综合应用是现代电工电子领域必须掌握的专业技能。

　　本书从零基础开始，通过实战案例，全面、系统地讲解了典型PLC产品的特点、专业知识、PLC编程语言、编程方法、触摸屏技术及系统编程应用等各项专业知识和综合实操技能。

全新的知识技能体系

　　《PLC梯形图、语句表、编程、控制应用速查手册（图解·视频·案例）》的编写目的是让读者能够在短时间内领会并掌握PLC的编程方法和实用编程应用等专业知识和操作技能。为此，本书根据国家职业资格标准和行业培训规范，对PLC的专业知识技能进行了全新的构建。通过大量的实例，全面、系统地讲解PLC的专业知识和编程技能。通过大量的实战案例，生动演示专业技能，真正让《PLC梯形图、语句表、编程、控制应用速查手册（图解·视频·案例）》成为一本从理论学习逐步上升为实战应用的专业技能指导图书。

全新的内容诠释

　　本书在内容诠释方面极具视觉冲击力。整本图书采用彩色印刷，重点突出，内容由浅入深，循序渐进。按照行业培训特色将各知识技能整合成若干"项目模块"输出。知识技能的讲授充分发挥本书特色，大量的结构原理图、效果图、实物照片和操作演示拆解图相互补充。依托实战案例，通过以"图"代"解"、以"解"说"图"的形式向读者最直观地传授PLC的专业知识和编程技能，让读者能够轻松、快速、准确地领会并掌握。

全新的学习体验

　　本书开创了全新的学习体验，"模块化教学"+"多媒体图解"+"二维码微视频"构成了本书独有的学习特色。首先，在内容选取上，编者进行了大量的市场调研和资料汇总，根据知识内容的专业特点和行业岗位需求将学习内容模块化分解。其次，依托多媒体图解的方式输出给读者，让读者以"看"代"读"、以"练"代"学"。最后，为了获得更好的学习效果，本书充分考虑读者的学习习惯，在图书中增设了二维码学习方式。读者可以在书中很多知识技能旁边找到二维码，然后通过手机扫描二维码打开相关的微视频。微视频中有对图书相应内容的有声讲解，有对关键知识技能点的演示操作。全新的学习手段更增强了读者自主学习的互动性，不仅提升了学习效率，而且增强了读者的学习兴趣和效果。

　　当然，专业的知识技能我们也一直在学习和探索，由于水平有限，编写时间仓促，书中难免存在一些疏漏之处，欢迎读者指正，也期待与您的技术交流。

网址：http://www.taoo.cn
联系电话：022-83715667/13114807267
E-mail:chinadse@126.com
地址：天津市南开区榕苑路4号天发科技园8-1-401
邮编：300384

直流电

直流电路

交流电

交流电路

……

电气电路

电源开关

按钮

限位开关

接触器

热继电器

传感器

速度继电器

电磁阀

指示灯

……

控制关系

控制关系

三菱PLC

西门子PLC

PLC原理

PLC特点

PLC速查手册

PLC编程

● PLC的编程软件、编程方式

PLC触摸屏

● PLC触摸屏的结构特点、安装、连接、数据传输及仿真软件

PLC应用

● 各类PLC编程经典案例解析

三菱PLC梯形图

● 三菱PLC梯形图的结构特点、编程元件

三菱PLC语句表

● 三菱PLC语句表的特点、与梯形图的对应关系及各主要语句表的编程指令

西门子PLC梯形图

● 西门子PLC梯形图的结构特点、编程元件

西门子PLC语句表

● 西门子PLC语句表的特点及各主要语句表的编程指令

目录

第4章　PLC的结构组成和工作原理【P44】

第5章　PLC的编程方式与编程软件【P71】

第12章　PLC触摸屏【P197】

1

本章系统介绍电气
控制电路基础。
- ● 直流电与直流
  电路
- ◇ 直流电
- ◇ 直流电路
- ● 交流电与交流
  电路
- ◇ 交流电
- ◇ 交流电路

第1章
电气控制电路基础

1.1 直流电与直流电路

1.1.1 直流电

直流电（direct current，DC）电流流向单一，其方向和时间不做周期性变化，即电流方向固定不变，由正极流向负极，但电流的大小可能不固定。

直流电可以分为脉动直流和恒定直流两种，如图1-1所示，脉动直流中直流电流大小不稳定；而恒定直流中的直流电流大小能够恒定不变。

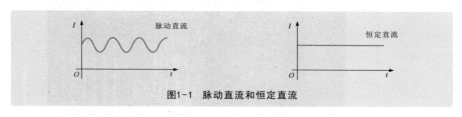

图1-1 脉动直流和恒定直流

一般将可提供直流电的装置称为直流电源，它是一种形成并保持电路中的恒定直流的供电装置，如干电池、蓄电池、直流发电机等。直流电源有正、负两极，当直流电源为电路供电时，直流电源能够使电路两端之间保持恒定的电位差，从而在外电路中形成由电源正极到负极的电流，如图1-2所示。

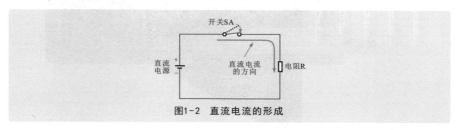

图1-2 直流电流的形成

1.1.2 直流电路

有直流电通过的电路称为直流电路，该电路是指电流流向单一的电路，即电流方向与大小不随时间产生变化，它是最基本也是最简单的电路。

在生活和生产中，电池供电的电器都采用直流供电方式，如低压小功率照明灯、直流电动机等。还有许多电器是利用交流-直流变换器，将交流电变成直流电后再为电器产品供电。图1-3所示为直流电动机驱动电路，它采用的是直流电源供电，这是一个典型的直流电路。

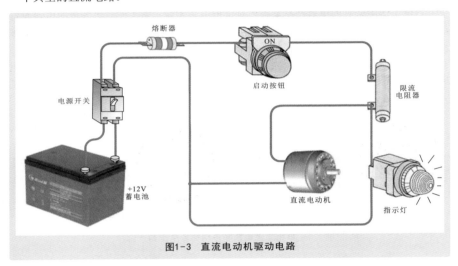

图1-3 直流电动机驱动电路

家庭或企事业单位的供电都是采用交流220V、50Hz的电源，而在机器内部各电路单元及其元件则往往需要多种直流电压，因而需要一些电路将交流220V电压变为直流电压，供电路各部分使用，如图1-4所示。由图可知，交流220V电压经电源变压器T，先变成交流低压（12V），再经整流二极管VD整流后变成脉动直流，脉动直流经LC滤波后变成稳定的直流电压。

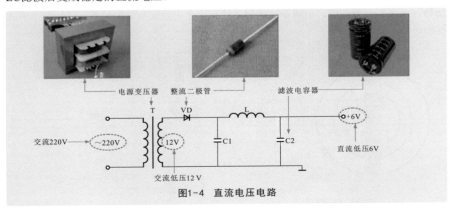

图1-4 直流电压电路

1.2 交流电与交流电路

1.2.1 交流电

交流电（alternating current，AC）一般是指大小和方向会随时间做周期性变化的电流。

日常生活中所有的电器产品都需要有供电电源才能正常工作，大多数的电器设备都是以市电交流220V、50Hz作为供电电源。这是我国公共用电的统一标准，交流220V电压是指相线（即火线）对零线的电压。

交流电是由交流发电机产生的，交流发电机可以产生单相交流电压和多相交流电压，如图1-5所示。

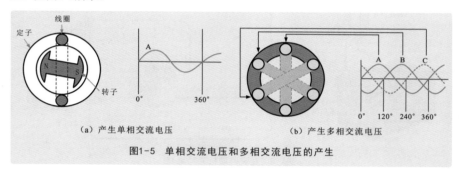

（a）产生单相交流电压   （b）产生多相交流电压

图1-5 单相交流电压和多相交流电压的产生

1 单相交流电

单相交流电是以一个交变电动势作为电源的电力系统，在单相交流电路中，只具有单一的交流电压，其电流和电压都是按一定的频率随时间变化的。

图1-6所示为单相交流电的产生。在单相交流发电机中，只有一个线圈绕制在铁芯上构成定子，转子是永磁体。当其内部的定子和线圈为一组时，它所产生的感应电动势（电能）也为一组，由两条线进行传输，这种电源就是单相电源，这种配电方式称为单相二线制。

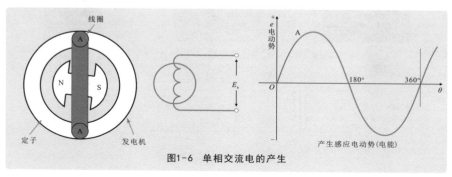

图1-6 单相交流电的产生

2 多相交流电

多相交流电根据相线的不同，还可以分为两相交流电和三相交流电。

1 两相交流电

在发电机内设有两组定子线圈互相垂直地分布在转子外围，如图1-7所示。转子旋转时两组定子线圈产生两组感应电动势，这两组感应电动势之间有90°的相位差，这种电源称为两相电源。这种方式多在自动化设备中使用。

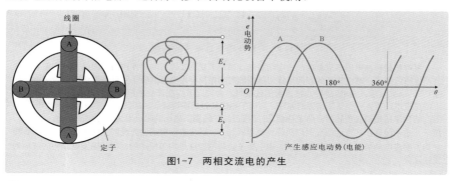

图1-7 两相交流电的产生

2 三相交流电

通常，把三相电源线路中的电压和电流统称为三相交流电，这种电源由三条线进行传输，三条线之间的电压大小相等（380V）、频率相同（50Hz），相位差为120°，如图1-8所示。

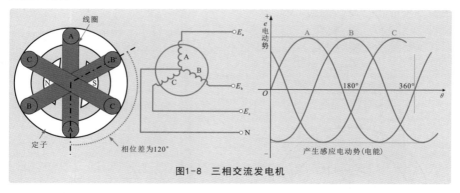

图1-8 三相交流发电机

三相交流电是由三相交流发电机产生的。在定子槽内放置三个结构相同的定子绕组A、B、C，这些绕组在空间上互隔120°。转子旋转时，其磁场在空间按正弦规律变化，当转子由水轮机或汽轮机带动以角速度ω等速地顺时针方向旋转时，在三个定子绕组中，就产生频率相同、幅值相等、相位上互差120°的三个正弦感应电动势，这样就形成了对称三相电动势。

三相交流电路中，相线与零线之间的电压为220V，而相线与相线之间的电压为380V，如图1-9所示。

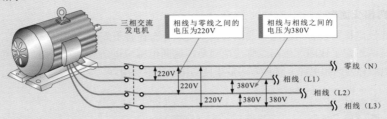

图1-9　三相交流电路电压的测量

发电机是根据电磁感应原理产生电动势的，当线圈受到变化磁场的作用时，即线圈切割磁力线便会产生感应磁场，感应磁场的方向与作用磁场的方向相反。发电机的转子可以被看作一个永磁体，如图1-10（a）所示，当N极旋转并接近定子线圈时，会使定子线圈产生感应磁场，方向为N/S，线圈产生的感应电动势为一个逐渐增强的曲线。当转子磁极转过线圈继续旋转时，感应磁场则逐渐减小。

当转子磁极继续旋转时，转子磁极S开始接近定子线圈，磁场的磁极发生了变化，如图1-10（b）所示，定子线圈所产生的感应电动势极性也翻转180°，感应电动势输出为反向变化的曲线。转子旋转一周，感应电动势又会重复变化一次。由于转子旋转的速度是均匀恒定的，因此输出电动势的波形为正弦波。

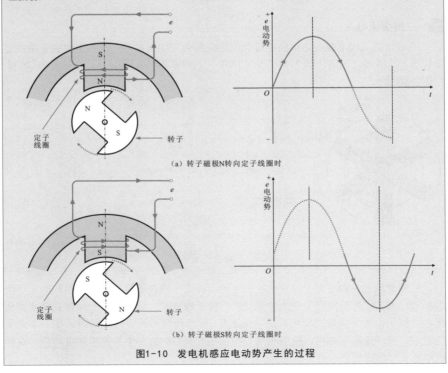

（a）转子磁极N转向定子线圈时

（b）转子磁极S转向定子线圈时

图1-10　发电机感应电动势产生的过程

1.2.2 交流电路

我们将交流电通过的电路称为交流电路。交流电路普遍应用于人们的日常生活和生产中，下面分别介绍一下单相交流电路和三相交流电路。

1 单相交流电路

单相交流电路的供电方式主要有单相两线式和单相三线式两种。一般的家庭用电都是单相交流电路。

① 单相两线式

图1-11所示为单相两线式照明配电线路图，从三相三线高压输电线上取其中的两线送入柱上高压变压器输入端。例如，高压6600V电压经过柱上变压器变压后，其二次侧向家庭照明线路提供220V电压。变压器一次侧与二次侧之间相互隔离，输出端相线与零线之间的电压为220V。

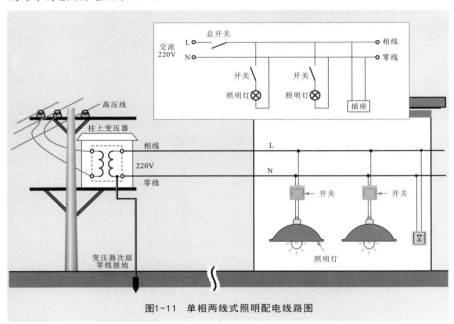

图1-11 单相两线式照明配电线路图

② 单相三线式

图1-12所示为单相三线式配电线路图。单相三线式供电中的一条线路作为地线应与大地相接。此时，地线与火线之间的电压为220V，零线（N，中性线）与相线（L）之间的电压为220V。由于不同接地点存在一定的电位差，因而零线与地线之间可能存在一定的电压。

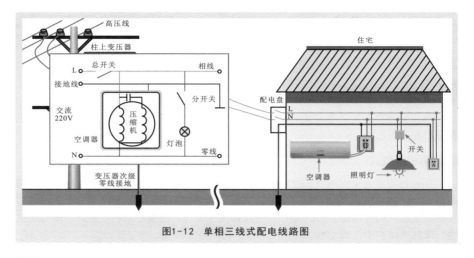

图1-12　单相三线式配电线路图

2 三相交流电路

三相交流电路的供电方式主要有三相三线式、三相四线式和三相五线式三种，一般的工厂中的电气设备常采用三相交流电路。

① 三相三线式

图1-13所示为典型的三相三线式交流电动机供电配电线路图。高压（6600V或10000V）经柱上变压器变压后，由变压器引出三根相线，送入工厂中，为工厂中的电气设备供电，每根相线之间的电压为380V，因此工厂中额定电压为380V的电气设备可直接接在相线上。

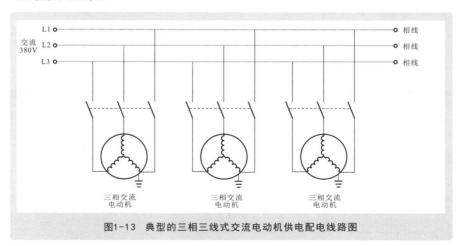

图1-13　典型的三相三线式交流电动机供电配电线路图

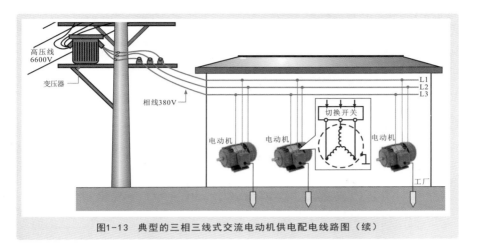

图1-13 典型的三相三线式交流电动机供电配电线路图（续）

2 三相四线式

图1-14所示为典型的三相四线供电方式的交流电路示意图。三相四线式与三相三线式供电方法的不同之处在于从配电系统多引出了一根零线。接上零线的电气设备在工作时，电流经过电气设备做功，没有做功的电流就经零线回到电厂，对电气设备起到保护作用，这种供电配电方式常用于380/220V低压动力与照明混合配电。

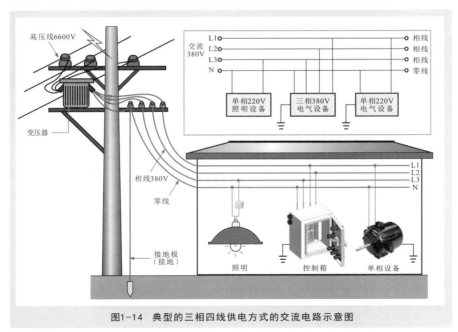

图1-14 典型的三相四线供电方式的交流电路示意图

在三相四线供电方式中，当三相负载不平衡时和低压电网的零线过长且阻抗过大时，零线将有零序电流通过，过长的低压电网，由于环境恶化、导线老化、受潮等因素，导线的漏电电流通过零线形成闭合回路，致使零线也带有一定的电位，这对安全运行十分不利。在零线断线的特殊情况下，断线以后的单相设备和所有保护接零的设备会产生危险的电压，这是不允许的。

3 三相五线式

图1-15所示为典型的三相五线供电方式的示意图。在前面所述的三相四线制供电系统中把零线的两个作用分开，即一根线作为工作零线（N），另一根线作为保护零线（PE），这样的供电接线方式称为三相五线制供电方式的交流电路。

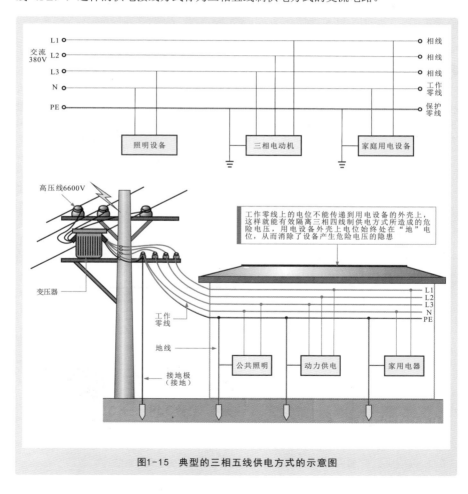

图1-15　典型的三相五线供电方式的示意图

2

本章系统介绍PLC的种类和功能特点。

- ● PLC的种类
- ◇ PLC的结构形式分类
- ◇ PLC的I/O点数分类
- ◇ PLC的功能分类
- ● PLC的功能应用
- ◇ 继电器控制与PLC控制
- ◇ PLC的功能特点
- ◇ PLC的实际应用
- ● PLC的产品介绍
- ◇ 三菱PLC
- ◇ 西门子PLC
- ◇ 欧姆龙PLC
- ◇ 松下PLC

第2章
PLC的种类和功能特点

2.1 PLC的种类

　　PLC（programmable logic controller，可编程逻辑控制器）是一种将计算机技术与继电器控制技术结合起来的现代化自动控制装置，广泛应用于农机、机床、建筑、电力、化工、交通运输等行业中。

　　随着PLC的发展和应用领域的扩展，PLC的种类越来越多，可从不同的角度进行分类，如结构形式、I/O点数、功能等。

2.1.1 PLC的结构形式分类

　　PLC根据结构形式的不同可分为整体式PLC、组合式PLC和叠装式PLC。

1 整体式PLC

　　整体式PLC是将CPU、I/O接口、存储器、电源等部分全部固定安装在一块或多块印制电路板上，成为统一的整体，当控制点数不符合要求时，可连接扩展单元，以实现较多点数的控制，体积小巧。目前，小型、超小型PLC多采用这种结构。图2-1所示为常见整体式PLC的实物外形。

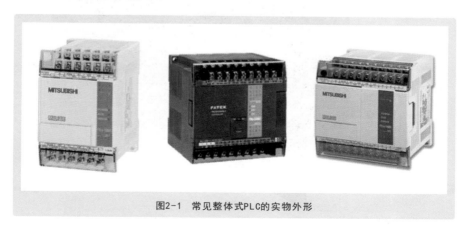

图2-1　常见整体式PLC的实物外形

2 组合式PLC

组合式PLC的CPU、I/O接口、存储器、电源等部分以模块的形式按一定规则组合配置而成，也称为模块式PLC，可以根据实际需要灵活配置。目前，中型或大型PLC多采用组合式结构。图2-2所示为常见组合式PLC的实物外形。

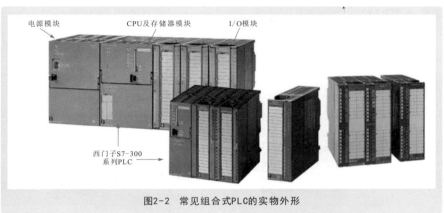

电源模块   CPU及存储器模块   I/O模块

西门子S7-300
系列PLC

图2-2　常见组合式PLC的实物外形

3 叠装式PLC

叠装式PLC是一种结合整体式PLC的结构紧凑、体积小巧和组合式PLC的I/O点数搭配灵活于一体的PLC，如图2-3所示。这种PLC将CPU（CPU和一定的I/O接口）独立出来作为基本单元，其他模块如I/O模块作为扩展单元，各单元可一层层地叠装，使用电缆进行单元之间的连接即可。

I/O模块扩展单元

CPU基本单元

西门子S7-200系列PLC

图2-3　常见叠装式PLC的实物外形

2.1.2 | PLC的I/O点数分类

I/O点数是指PLC可接入外部信号的数目。I是指PLC可接入输入点的数目，O是指PLC可接入输出点的数目。I/O点数是指PLC可接入的输入点和输出点的总数。

PLC根据I/O点数的不同可分为小型PLC、中型PLC和大型PLC。

1 小型PLC

小型PLC是指I/O点数在24～256点之间的小规模PLC，一般用于单机控制或小型系统的控制。图2-4所示为典型的小型PLC实物外形。

图2-4　典型的小型PLC实物外形

2 中型PLC

中型PLC的I/O点数一般在256～2048点之间。图2-5所示为典型的中型PLC实物外形。这种PLC不仅可对设备进行直接控制，而且可对下一级的多个可编程控制器进行监控，一般用于中型或大型系统的控制。

图2-5　典型的中型PLC实物外形

3 大型PLC

大型PLC的I/O点数一般在2048点以上。图2-6所示为典型的大型PLC实物外形。这种PLC能够进行复杂的算数运算和矩阵运算，可对设备进行直接控制，同时可对下一级的多个可编程控制器进行监控，一般用于大型系统的控制。

图2-6 典型的大型PLC实物外形

2.1.3 | PLC的功能分类

PLC根据功能的不同可分为低档PLC、中档PLC和高档PLC。

1 低档PLC

具有简单的逻辑运算、定时、计算、监控、数据传送、通信等基本控制功能和运算功能的PLC被称为低档PLC，如图2-7所示。这种PLC工作速度较慢，能带动I/O模块的数量也较少。

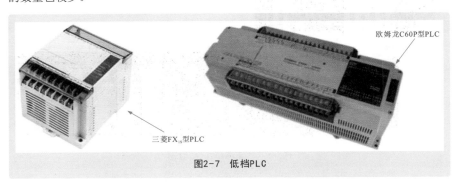

图2-7 低档PLC

2 中档PLC

中档PLC除具有低档PLC的控制功能外，还具有较强的控制功能和运算能力，如比较复杂的三角函数、指数和PID运算等，同时具有远程I/O、通信联网等功能，工作速度较快，能带动I/O模块的数量也较多。

图2-8所示为常见中档PLC实物图。

三菱FX$_{3U}$系列PLC   西门子S7-300系列PLC

图2-8　常见中档PLC实物图

3　高档PLC

　　高档PLC除具有中档PLC的功能外，还具有更为强大的控制功能、运算功能和联网功能，如矩阵运算、位逻辑运算、平方根运算及其他特殊功能函数运算等，工作速度很快，能带动I/O模块的数量也很多。

　　图2-9所示为常见高档PLC实物图。

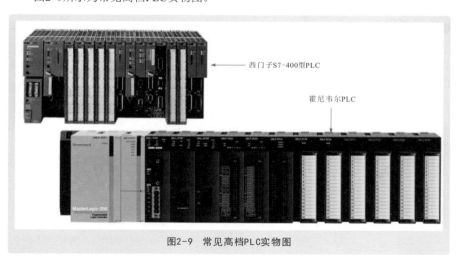

西门子S7-400型PLC

霍尼韦尔PLC

图2-9　常见高档PLC实物图

2.2　PLC的功能应用

　　PLC的发展极为迅速，随着技术的不断更新，其控制功能，数据采集、存储、处理功能，可编程、调试功能，通信联网功能等也逐渐变得强大，使PLC的应用领域得到进一步扩展，广泛应用于各行各业的控制系统中。

2.2.1 | 继电器控制与PLC控制

简单地说，PLC是一种在继电器、接触器控制基础上逐渐发展起来的以计算机技术为依托，运用先进的编程语言实现诸多功能的新型控制系统，采用程序控制方式是与继电器控制系统的主要区别。

PLC问世以前，在农机、机床、建筑、电力、化工、交通运输等行业中是以继电器控制系统占主导地位的。继电器控制系统以其结构简单、价格低廉、易于操作等优点得到了广泛的应用。

图2-10所示为典型继电器控制系统。

小型机械设备的继电器控制系统　　　　　　大型机械设备的继电器控制系统

图2-10　典型继电器控制系统

微视频讲解1"继电器控制与PLC控制"

随着工业控制的精细化程度和智能化水平的提升，以继电器为核心控制系统的结构越来越复杂。在有些较为复杂的系统中，可能要使用成百上千个继电器，不仅使整个控制装置显得体积十分庞大，而且元器件数量的增加、复杂的接线关系会造成整个控制系统的可靠性降低。更重要的是，一旦控制过程或控制工艺要求发生变化，则控制柜内的继电器和接线关系都要重新调整。可以想象，如此巨大的变动一定会花费大量的时间、精力和金钱，其成本的投入有时要远远超过重新制造一套新的控制系统，这势必又会带来巨大的浪费。

为了应对继电器控制系统的不足，既能让工业控制系统的成本降低，又能很好地应对工业生产中的变化和调整，工程人员将计算机技术、自动化技术及微电子和通信技术相结合，研发出了更加先进的自动化控制系统，即PLC。

PLC作为专门为工业生产过程提供自动化控制的装置，采用了全新的控制理念，通过强大的输入、输出接口与工业控制系统中的各种部件相连，如按钮开关、继电器、传感器、电动机、指示灯等。

图2-11所示为PLC功能简图。

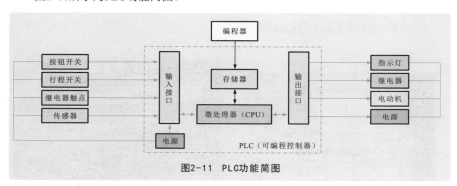

图2-11　PLC功能简图

通过编程器编写控制程序（PLC语句），将控制程序存入PLC中的存储器，并在微处理器（CPU）的作用下执行逻辑运算、顺序控制、计数等操作指令。这些指令会以数字信号（或模拟信号）的形式送到输入端、输出端，控制输入端、输出端接口上连接的设备协同完成生产过程。

图2-12所示为PLC硬件系统模型图。

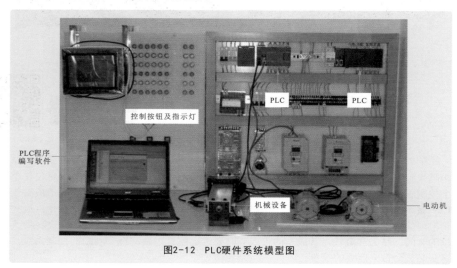

图2-12　PLC硬件系统模型图

PLC控制系统用标准接口取代硬件安装连接，用大规模集成电路与可靠元件的组合取代线圈和活动部件的搭配，并通过计算机进行控制，不仅大大简化了整个控制系统，而且使控制系统的性能更加稳定，功能更加强大，在拓展性和抗干扰能力方面也有显著的提高。

PLC控制系统的最大特色是在改变控制方式和效果时，不需要改动电气部件的物理连接线路，只需要通过PLC编程软件重新编写PLC内部的程序即可。

2.2.2 PLC的功能特点

PLC采用可编程序的存储器，用来在其内部存储执行逻辑运算、顺序控制、定时、计数和算术运算等的操作指令，通过数字或模拟输入和输出控制各种生产过程。

1 控制功能

图2-13所示为PLC在生产过程控制系统中的功能图。生产过程中的物理量由传感器检测后，经变压器变成标准信号，再经多路切换开关和A/D转换器变成适合PLC处理的数字信号由光电耦合器送给CPU，光电耦合器具有隔离功能；数字信号经CPU处理后，再经D/A转换器变成模拟信号输出，模拟信号经驱动电路驱动控制泵电动机、加热器等设备实现自动控制。

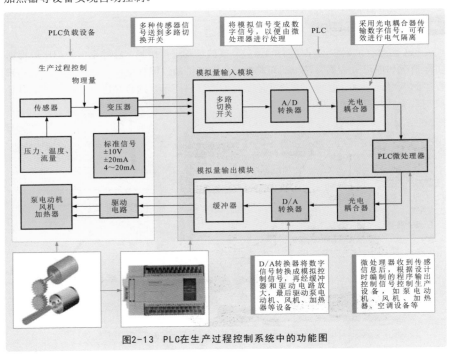

图2-13 PLC在生产过程控制系统中的功能图

2 数据采集、存储、处理功能

PLC具有数学运算及数据的传送、转换、排序、移位等功能，可以完成数据的采集、分析、处理及模拟处理等。这些数据还可以与存储在存储器中的参考值进行比较，完成一定的控制操作，也可以将数据传输或直接打印输出，如图2-14所示。

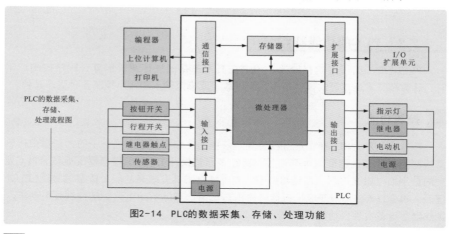

图2-14　PLC的数据采集、存储、处理功能

3 可编程、调试功能

PLC通过存储器中的程序对I/O接口外接的设备进行控制，存储器中的程序可根据实际情况和应用进行编写，一般可将PLC与计算机通过编程电缆连接，实现对其内部程序的编写、调试、监视、实验和记录，如图2-15所示。这也是区别于继电器等其他控制系统最大的功能优势。

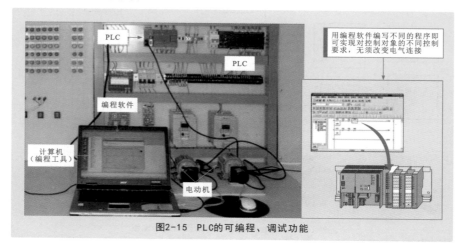

图2-15　PLC的可编程、调试功能

4 通信联网功能

PLC具有通信联网功能，可以与远程I/O、其他PLC、计算机、智能设备（如变频器、数控装置等）之间进行通信，如图2-16所示。

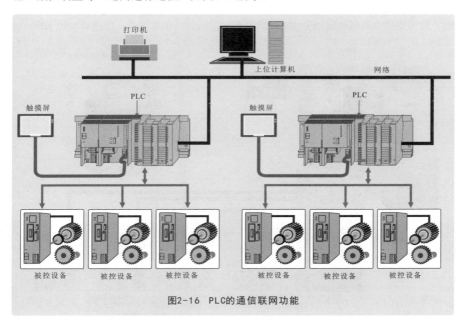

图2-16 PLC的通信联网功能

5 其他功能

PLC的其他功能如图2-17所示。

运动控制功能	过程控制功能	监控功能
PLC使用专用的运动控制模块对直线运动或圆周运动的位置、速度和加速度进行控制，广泛应用于机床、机器人、电梯等设备中	过程控制是指对温度、压力、流量、速度等模拟量的闭环控制。作为工业控制计算机，PLC能编制各种各样的控制算法程序完成闭环控制。另外，为了使PLC能够完成加工过程中对模拟量的自动控制，还可以实现模拟量（analog）和数字量（digital）之间的A/D转换和D/A转换，广泛应用于冶金、化工、热处理、锅炉控制等场合	操作人员可通过PLC的编程器或监视器对定时器、计数器及逻辑信号状态、数据区的数据信号进行设定，同时可对PLC各部分的运行状态进行监视

停电记忆功能	故障诊断功能
PLC内部设置停电记忆功能，是在内部存储器所使用的RAM中设置了停电保持器件，使断电后这部分存储的信息不变，电源恢复后，可继续工作	PLC内部设有故障诊断功能，可对系统构成、硬件状态、指令的正确性等进行诊断，当发现异常时，会控制报警系统发出报警提示声，同时在监视器上显示错误信息，当故障严重时会发出控制指令停止运行，从而提高PLC控制系统的安全性

图2-17 PLC的其他功能

2.2.3 | PLC的实际应用

目前，PLC已经成为生产自动化、现代化的重要标志。图2-18所示为PLC在电子产品制造设备中的应用。PLC在电子产品制造设备中主要用来实现自动控制功能，在电子元件加工、制造设备中作为控制中心，使传输定位驱动电动机、加工深度调整电动机、旋转驱动电动机和输出驱动电动机能够协调运转、相互配合，实现自动化工作。

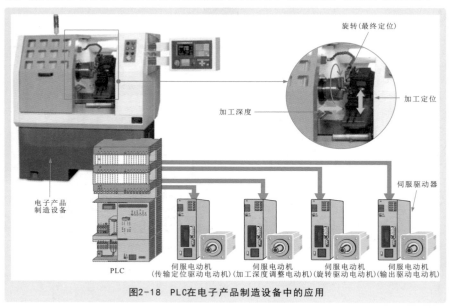

图2-18 PLC在电子产品制造设备中的应用

图2-19所示为PLC在自动包装系统中的应用。

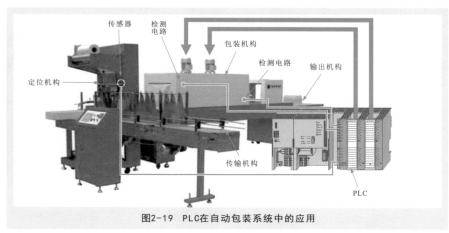

图2-19 PLC在自动包装系统中的应用

2.3 PLC的产品介绍

2.3.1 三菱PLC

图2-20所示为几种常见三菱PLC系列产品实物图。市场上，三菱PLC常见的系列产品有FX_{1N}、FX_{1S}、FX_{2N}、FX_{3U}、FX_{2NC}、A、Q等。

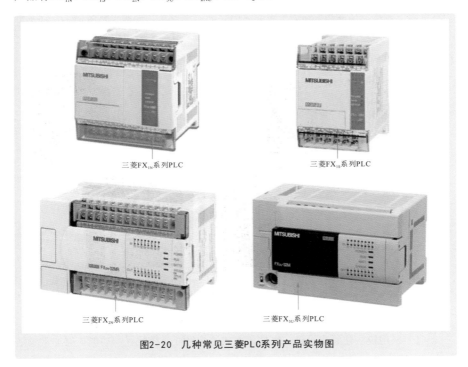

三菱FX_{1N}系列PLC

三菱FX_{1S}系列PLC

三菱FX_{2N}系列PLC

三菱FX_{3U}系列PLC

图2-20 几种常见三菱PLC系列产品实物图

三菱FX_{2N}系列PLC属于超小型程序装置，是FX家族中较先进的系列产品，处理速度快，在基本单元上连接扩展单元或扩展模块，可进行16~256点的灵活输入/输出组合，为工厂自动化应用提供最大的灵活性和控制能力。

三菱FX_{1S}系列PLC属于集成型小型单元式PLC。

三菱Q系列PLC是三菱公司原先A系列的升级产品，属于中、大型PLC系列产品。Q系列PLC采用模块化的结构形式，系列产品的组成与规模灵活可变，最大输入、输出点数达到4096点；最大程序存储器容量可达252KB，采用扩展存储器后可以达到32MB；基本指令的处理速度可以达到34ns；整个系统的处理速度得到很多提升，多个CPU模块可以在同一基板上安装，CPU模块间可以通过自动刷新功能进行定期通信，或通过特殊指令进行瞬时通信。三菱Q系列PLC被广泛应用于各种中、大型复杂机械、自动生产线的控制场合。

2.3.2 | 西门子PLC

德国西门子（SIEMENS）公司的可编程控制器SIMATIC S5系列产品在中国的推广较早，在很多的工业生产自动化控制领域都曾有过经典应用。西门子公司还开发了一些起标准示范作用的硬件和软件，从某种意义上说，西门子系列PLC决定了现代可编程逻辑控制器的发展方向。

目前，市场上的西门子PLC主要为西门子S7系列产品，如图2-21所示，包括小型PLC S7-200、中型PLC S7-300和大型PLC S7-400。

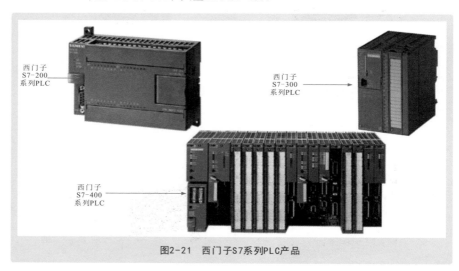

西门子
S7-200
系列PLC

西门子
S7-300
系列PLC

西门子
S7-400
系列PLC

图2-21　西门子S7系列PLC产品

西门子PLC的主要功能特点如下：

（1）采用模块化紧凑设计，可按积木式结构进行系统配置，功能扩展非常灵活方便。

（2）以极快的速度处理自动化控制任务，S7-200和S7-300的扫描速度为0.37μs。

（3）具有很强的网络功能，可以将多个PLC按照工艺或控制方式连接成工业网络，构成多级完整的生产控制系统，既可实现总线联网，也可实现点到点通信。

（4）在软件方面，允许在Windows操作系统中使用相关的程序软件包、标准的办公室软件和工业通信网络软件，可识别C++等高级语言环境。

（5）编程工具更为开放，可使用普通计算机或便携式计算机。

2.3.3 | 欧姆龙PLC

日本欧姆龙（OMRON）公司的PLC较早进入中国市场，开发了最大I/O点数为140点的C20P、C20等微型PLC，最大I/O点数为2048点的C2000H等大型PLC，广泛应用于自动化系统设计的产品中。

图2-22所示为常见欧姆龙PLC产品实物图。

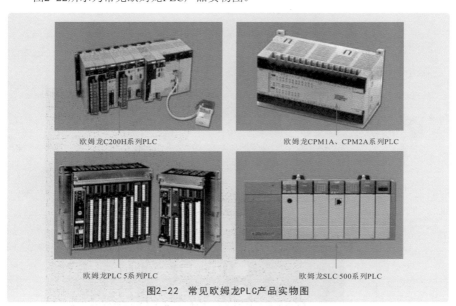

欧姆龙C200H系列PLC　　欧姆龙CPM1A、CPM2A系列PLC

欧姆龙PLC 5系列PLC　　欧姆龙SLC 500系列PLC

图2-22　常见欧姆龙PLC产品实物图

欧姆龙公司对PLC及其软件的开发有自己的特殊风格。例如，欧姆龙大型PLC将系统存储器、用户存储器、数据存储器和实际的输入接口、输出接口、功能模块等统一按绝对地址的形式组成系统，把数据存储和电气控制使用的术语合二为一，命名数据区为I/O继电器、内部负载继电器、保持继电器、专用继电器、定时器/计数器。

2.3.4　松下PLC

松下PLC是目前国内比较常见的PLC产品之一，功能完善、性价比高，常用的有小型的FP-X、FP0、FP1、FPΣ、FP-e系列，中型的FP2、FP2SH、FP3系列，以及大型的EP5系列等。图2-23所示为常见松下PLC产品实物图。

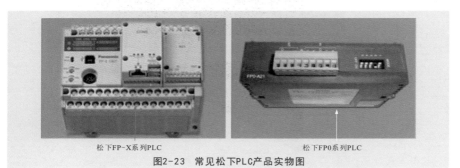

松下FP-X系列PLC　　松下FP0系列PLC

图2-23　常见松下PLC产品实物图

3

本章系统介绍电气部件的功能特点与控制关系。

- 电源开关的功能特点
- 按钮的功能特点
- 限位开关的功能特点
- 接触器的功能特点
- 热继电器的功能特点
- 其他常用电气部件的功能特点

第3章
电气部件的功能特点与控制关系

3.1 电源开关的功能特点

3.1.1 电源开关的结构

　　电源开关在PLC控制电路中主要用于接通或断开整个电路系统的供电电源。目前，PLC控制电路常采用断路器作为电源开关。

　　如图3-1所示，断路器是一种切断和接通负荷电路的器件，具有过载自动断路保护的功能。

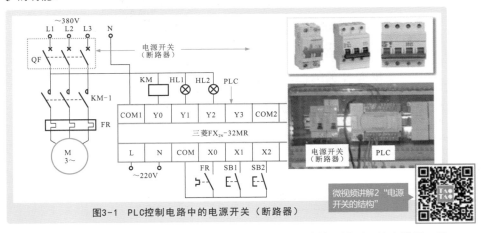

图3-1　PLC控制电路中的电源开关（断路器）

　　断路器作为线路的通/断控制部件，从外观来看，主要由输入端子、输出端子、操作手柄构成，如图3-2所示。

图3-2　电源开关（断路器）的外部结构

　　断路器的输入端子、输出端子分别连接供电电源和负载设备。操作手柄用于控制断路器内开关触点的通/断状态。

　　拆开断路器的塑料外壳可以看到，断路器主要由塑料外壳、脱扣器装置、触点、接线端子、操作手柄等部分构成，如图3-3所示。

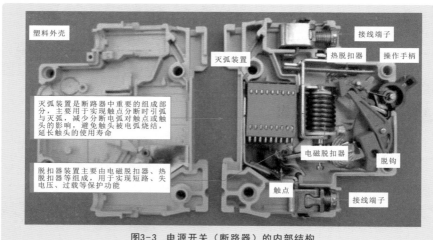

图3-3　电源开关（断路器）的内部结构

3.1.2 │ 电源开关的控制过程

　　电源开关的控制过程就是内部触点接通或切断两侧线路的过程，如图3-4所示。当电源开关未动作时，内部常开触点处于断开状态，切断供电电源，负载设备无法获取电能；拨动电源开关的操作手柄，内部常开触点处于闭合状态，供电电源经电源开关送入电路中，负载设备得电。

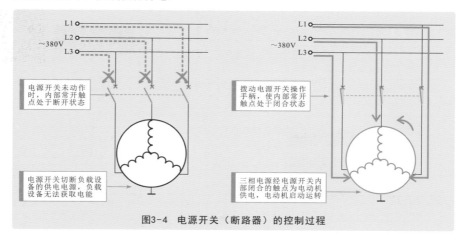

图3-4　电源开关（断路器）的控制过程

3.2 按钮的功能特点

3.2.1 按钮的结构

按钮是一种需要手动操作的电气开关，在PLC控制系统中主要接在PLC的输入接口上，用来发出远距离控制信号或指令，向PLC内控制程序发出启动、停止等指令，达到对负载的控制，如电动机的启动、停止、正/反转等。

常见的按钮根据触点通/断状态不同，有常开按钮、常闭按钮和复合按钮等，如图3-5所示。

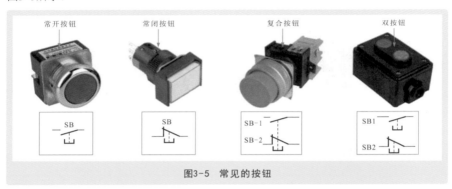

图3-5 常见的按钮

不同类型的按钮，其内部触点初始状态不同。拆开外壳可以看到，按钮主要是由按钮帽（操作头）、连杆、复位弹簧、动触点、常开静触点或常闭静触点等组成的。

图3-6所示为常见按钮的结构组成。

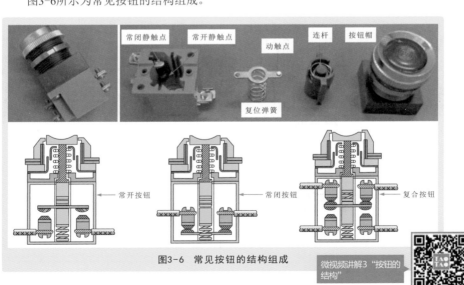

图3-6 常见按钮的结构组成

微视频讲解3"按钮的结构"

3.2.2 | 按钮的控制过程

按钮的控制关系比较简单，主要通过内部触点的闭合/断开状态控制线路的接通/断开。根据按钮结构的不同，其控制过程有一定的差别。

1 常开按钮的控制过程

在PLC控制电路中，常用的常开按钮主要为不闭锁的常开按钮。图3-7所示为常开按钮的电气连接关系。

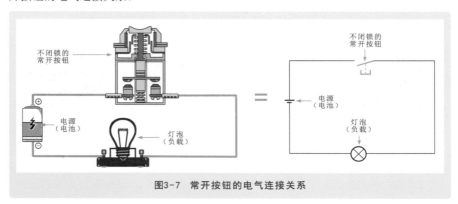

图3-7 常开按钮的电气连接关系

图3-8所示为常开按钮的控制过程，即在按下按钮前内部触点处于断开状态，按下按钮时内部触点处于闭合状态；当手指放松后，按钮自动复位断开，常用作启动控制按钮。

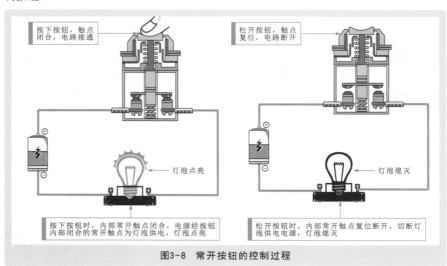

图3-8 常开按钮的控制过程

2 常闭按钮的控制过程

在PLC控制电路中，常用的常闭按钮主要为不闭锁的常闭按钮。常闭按钮的控制过程如图3-9所示，即在按下按钮前内部触点处于闭合状态；按下按钮后，内部触点断开；松开按钮后，触点又自动复位闭合，常被用作停止控制按钮。

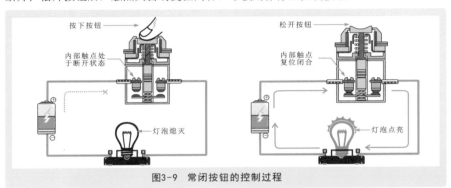

图3-9 常闭按钮的控制过程

3 复合按钮的控制过程

复合按钮内部有两组触点，分别为常开触点和常闭触点。操作前，常闭触点闭合、常开触点断开；按下按钮后，常闭触点断开、常开触点闭合；松开按钮后，常闭触点复位闭合、常开触点复位断开。

图3-10所示为复合按钮的控制过程。

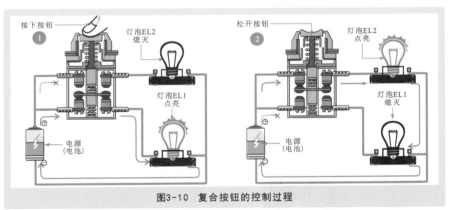

图3-10 复合按钮的控制过程

【1】按下按钮，常开触点闭合，接通灯泡EL1的供电电源，灯泡EL1点亮；常闭触点断开，切断灯泡EL2的供电电源，灯泡EL2熄灭。

【2】松开按钮，常开触点复位断开，切断灯泡EL1的供电电源，灯泡EL1熄灭；常闭触点复位闭合，接通灯泡EL2的供电电源，灯泡EL2点亮。

3.3 限位开关的功能特点

3.3.1 限位开关的结构

限位开关又称行程开关或位置检测开关，是一种小电流电气开关，可用来限制运动机械运动的行程或位置，使运动机械实现自动控制。

限位开关按结构的不同可以分为按钮式、单轮旋转式和双轮旋转式，如图3-11所示。

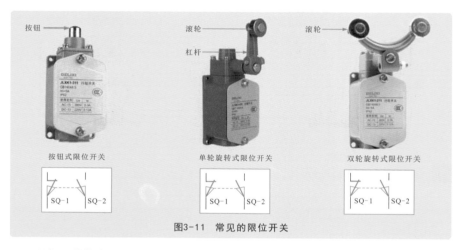

图3-11 常见的限位开关

限位开关的类型不同，内部结构也有所不同，但基本都是由杠杆（或滚轮及触杆）、复位弹簧、常开/常闭触点等部分构成的，如图3-12所示。

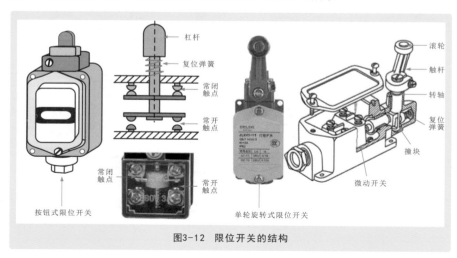

图3-12 限位开关的结构

3.3.2 | 限位开关的控制过程

按钮式限位开关由按钮触杆的按压状态控制内部常开触点和常闭触点的接通或闭合。图3-13所示为按钮式限位开关的控制过程,当撞击或按下按钮式限位开关的触杆时,触杆下移,使常闭触点断开,常开触点闭合;当运动部件离开后,在复位弹簧的作用下,触杆恢复到原来位置,各触点恢复常态。

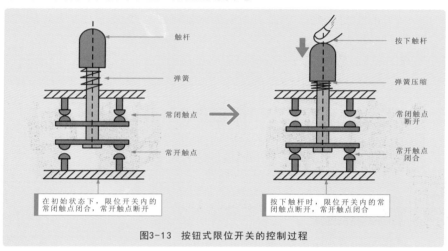

图3-13 按钮式限位开关的控制过程

单轮旋转式限位开关与双轮旋转式限位开关的控制过程基本相同,如图3-14所示。当单轮旋转式限位开关被受控器件撞击带有滚轮的触杆时,触杆转向右边,带动凸轮转动,顶下推杆,使限位开关中的触点迅速动作。当运动机械返回时,在复位弹簧的作用下,各部分动作部件均恢复初始状态。

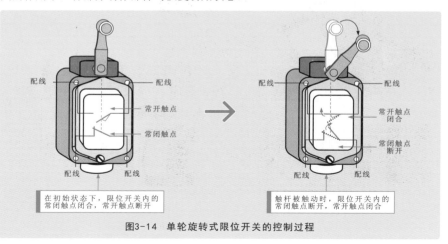

图3-14 单轮旋转式限位开关的控制过程

3.4 接触器的功能特点

3.4.1 接触器的结构

接触器是一种由电压控制的开关装置，适用于远距离频繁地接通和断开交/直流电路的系统。接触器属于控制类器件，是电力拖动系统、机床设备控制电路、PLC自动控制系统中使用最广泛的低压电器之一。

接触器根据触点通过电流的种类主要可分为交流接触器和直流接触器，如图3-15所示。

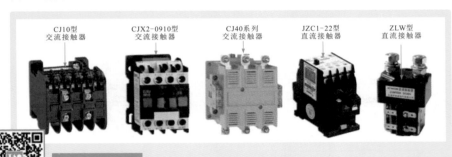

微视频讲解4 "接触器的结构"

图3-15 常见的接触器

接触器作为一种电磁开关，其内部主要是由控制电路接通与分断的主触点、辅触点及电磁线圈、静铁芯、动铁芯等部分构成的。拆开接触器的塑料外壳即可看到其内部的基本结构，如图3-16所示。

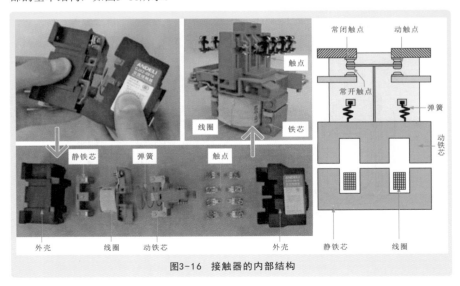

图3-16 接触器的内部结构

3.4.2 接触器的控制过程

接触器通过内部线圈的得电、失电控制铁芯吸合、释放，从而带动触点动作。

一般情况下，接触器线圈连接在控制电路或PLC输出接口上，接触器的主触点连接在主电路中，控制设备的通/断，如图3-17所示。

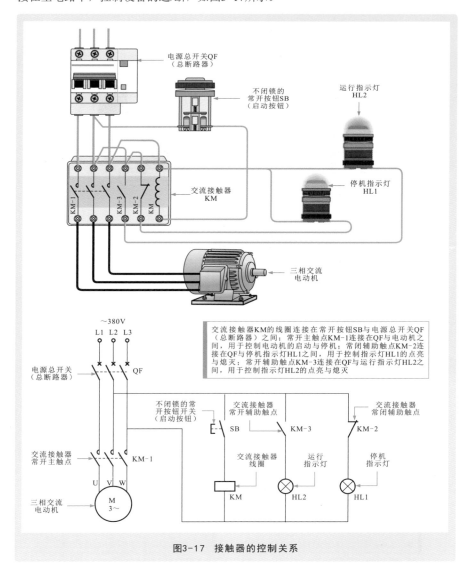

交流接触器KM的线圈连接在常开按钮SB与电源总开关QF（总断路器）之间；常开主触点KM-1连接在QF与电动机之间，用于控制电动机的启动与停机；常闭辅助触点KM-2连接在QF与停机指示灯HL1之间，用于控制指示灯HL1的点亮与熄灭；常开辅助触点KM-3连接在QF与运行指示灯HL2之间，用于控制指示灯HL2的点亮与熄灭

图3-17 接触器的控制关系

　　图3-18所示为接触器在典型点动控制电路中的控制过程。当操作接触器所在线路中的启动按钮后，接触器线圈得电，铁芯吸合，带动常开触点闭合，常闭触点断开；当线圈失电时，其铁芯释放，所有触点复位。

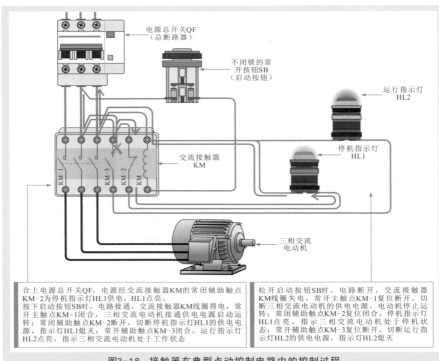

合上电源总开关QF，电源经交流接触器KM的常闭辅助触点KM-2为停机指示灯HL1供电，HL1点亮。
按下启动按钮SB时，电路接通，交流接触器KM线圈得电，常开主触点KM-1闭合，三相交流电动机接通供电电源启动运转；常闭辅助触点KM-2断开，切断停机指示灯HL1的供电电源，指示灯HL1熄灭；常开辅助触点KM-3闭合，运行指示灯HL2点亮，指示三相交流电动机处于工作状态

松开启动按钮SB时，电路断开，交流接触器KM线圈失电，常开主触点KM-1复位断开，切断三相交流电动机的供电电源，电动机停止运转；常闭辅助触点KM-2复位闭合，停机指示灯HL1点亮，指示三相交流电动机处于停机状态；常开辅助触点KM-3复位断开，切断运行指示灯HL2的供电电源，指示灯HL2熄灭

图3-18　接触器在典型点动控制电路中的控制过程

补充说明

接触器线圈得电后，铁芯吸合；接触器线圈失电后，铁芯释放，如图3-19所示。

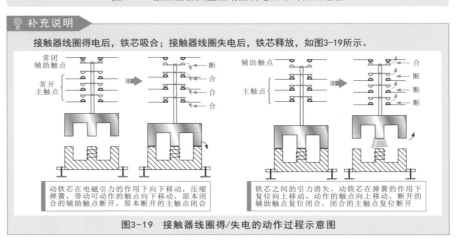

动铁芯在电磁引力的作用下向下移动，压缩弹簧，带动可动作的触点向下移动，原本闭合的辅助触点断开，原本断开的主触点闭合

铁芯之间的引力消失，动铁芯在弹簧的作用下复位向上移动，可动作的触点向上移动，断开的辅助触点复位闭合，闭合的主触点复位断开

图3-19　接触器线圈得/失电的动作过程示意图

3.5 热继电器的功能特点

3.5.1 热继电器的结构

热继电器是利用电流的热效应原理实现过热保护的一种继电器，是一种电气保护元件，主要由复位按钮、热元件（双金属片）、触点、动作机构等部分组成。热继电器利用电流的热效应推动动作机构使触点闭合或断开，主要用于电动机及其他电气设备的过载保护。图3-20所示为热继电器的结构组成。

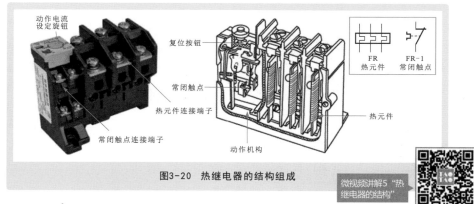

图3-20　热继电器的结构组成

微视频讲解5 "热继电器的结构"

3.5.2 热继电器的控制过程

热继电器一般安装在主电路中，用于主电路中负载电动机（或其他电气设备）的过载保护，如图3-21所示。

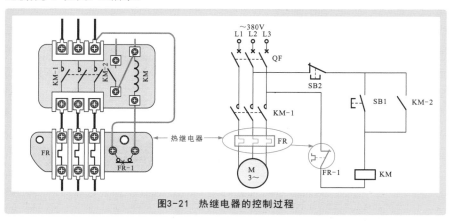

图3-21　热继电器的控制过程

在电路中，热继电器根据运行状态（正常情况和异常情况）起到控制作用。

当电路正常工作，未出现过载或过热故障时，热继电器的热元件和常闭触点都相当于通路串联在电路中，如图3-22所示。

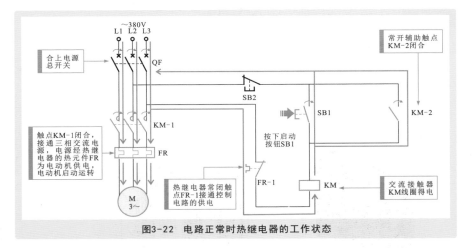

图3-22　电路正常时热继电器的工作状态

　　在正常情况下，合上电源总开关QF，按下启动按钮SB1，热继电器的常闭触点FR-1接通控制电路的供电，交流接触器KM线圈得电，常开主触点KM-1闭合，接通三相交流电源，电源经热继电器的热元件FR为三相交流电动机供电，三相交流电动机启动运转；常开辅助触点KM-2闭合，实现自锁功能，即使松开启动按钮SB1，三相交流电动机仍能保持运转状态。

　　当电路异常导致电路电流过大时，其引起的热效应将推动热继电器中的热元件动作，常闭触点将断开，断开控制部分，切断主电路电源，起到保护作用，如图3-23所示。

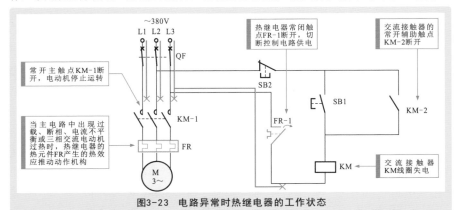

图3-23　电路异常时热继电器的工作状态

　　主电路中出现过载或过热故障，导致电流过大，当电流超过热继电器的设定值，并达到一定时间后，热继电器的热元件FR产生的热效应可推动动作机构使常闭触点FR-1断开，切断控制电路的供电电源，交流接触器KM线圈失电，常开主触点KM-1复位断开，切断电动机的供电电源，电动机停止运转；常开辅助触点KM-2复位断开，解除自锁功能，实现对电路的保护作用。
　　待主电路中的电流正常或三相交流电动机的温度逐渐冷却后，热继电器FR的常闭触点FR-1复位闭合，再次接通电路，此时只需重新启动电路，三相交流电动机便可启动运转。

3.6 其他常用电气部件的功能特点

在PLC控制电路中，常见的周边电气部件还有用于自动化控制的传感器、速度控制系统中的速度继电器、给排水系统中常用的电磁阀和指示灯等。

3.6.1 传感器的功能特点

传感器是指能感受并能按一定规律将所感受到的被测物理量或化学量（如温度、湿度、光线、速度、浓度、位移、重量、压力、声音等）等转换成便于处理与传输电量的器件或装置。简单地说，传感器是一种将感测信号转换为电信号的器件。

图3-24所示为几种常见传感器。

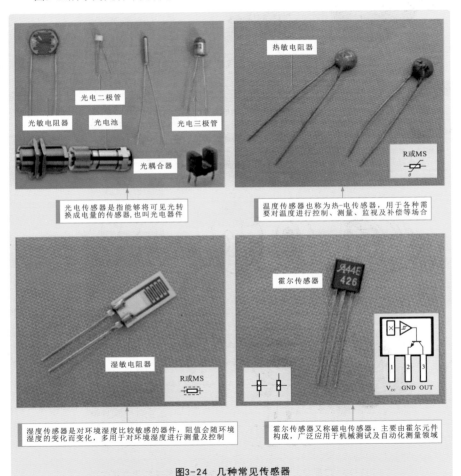

图3-24 几种常见传感器

3.6.2 | 速度继电器的功能特点

速度继电器主要与接触器配合使用，实现电动机控制系统的反接制动。常用的速度继电器主要有JY1型、JFZ0-1型和JFZ0-2型，如图3-25所示。

	JY1型	适合在700～3600r/min范围内可靠工作
JFZ0型	JFZ0-1型	适合在300～1000r/min范围内可靠工作
	JFZ0-2型	适合在1000～3600r/min范围内可靠工作

图3-25　常用的速度继电器的实物外形

补充说明

速度继电器主要由转子、定子和触点三部分组成，在电路中通常用字母KS表示。速度继电器常用于三相异步电动机反接制动电路中，如图3-26所示，工作时，其转子和定子是与电动机相连接的。当电动机的相序改变，反相转动时，速度继电器的转子也随之反转，由于产生与实际转动方向相反的旋转磁场，从而产生制动力矩，这时速度继电器的定子就可以触动另外一组触点，使其断开或闭合。当电动机停止时，速度继电器的触点即可恢复原来的静止状态。

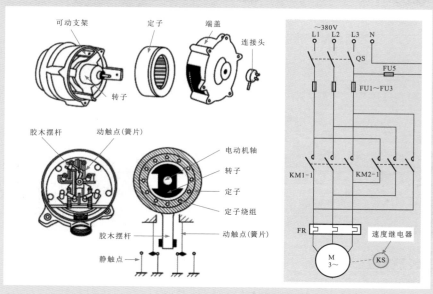

图3-26　应用于三相异步电动机反接制动电路中的速度继电器

3.6.3 电磁阀的功能特点

电磁阀是一种用电磁控制的电气部件，可作为控制流体的自动化基础执行器件，在PLC自动化控制领域中可用于调整介质（液体、气体）的方向、流量、速度等参数。

图3-27所示为典型电磁阀的实物外形。

图3-27 典型电磁阀的实物外形

电磁阀的种类多种多样，具体的控制过程也不相同。以常见给排水用的弯体式电磁阀为例。电磁阀工作的过程就是通过电磁阀线圈的得电、失电来控制内部机械阀门开、闭的过程，如图3-28所示。

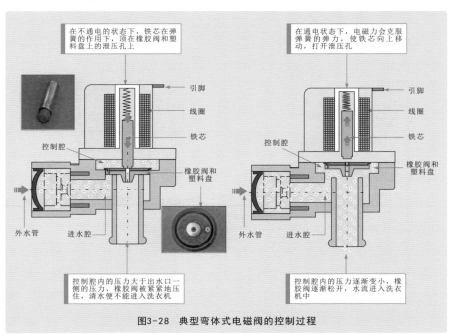

图3-28 典型弯体式电磁阀的控制过程

3.6.4 指示灯的功能特点

指示灯是一种用于表示线路或设备的运行状态、警示等含义的指示部件。图3-29所示为典型指示灯的实物外形。

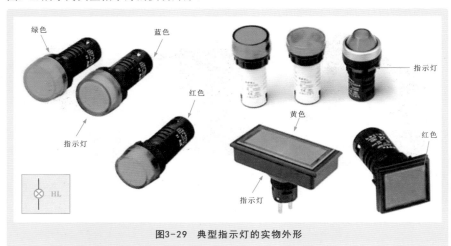

图3-29　典型指示灯的实物外形

指示灯的控制过程比较简单，通常获得供电电压即可点亮；失去工作电压即熄灭；在一定设计程序的控制下还可实现闪烁状态，用以指示某种特定含义。

图3-30所示为指示灯的控制关系。

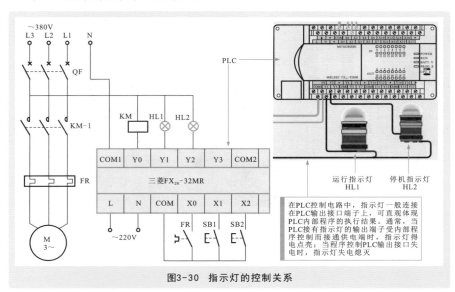

在PLC控制电路中，指示灯一般连接在PLC输出接口端子上，可直观体现PLC内部程序的执行结果。通常，当PLC接有指示灯的输出端子受内部程序控制而接通供电端时，指示灯得电点亮；当程序控制PLC输出接口失电时，指示灯失电熄灭。

图3-30　指示灯的控制关系

4

本章系统介绍PLC的结构组成和工作原理。

- ● PLC的结构组成
- ◇ 三菱PLC的结构组成
- ◇ 西门子PLC的结构组成
- ● PLC的工作原理
- ◇ PLC的工作条件
- ◇ PLC的工作过程

第4章

PLC的结构组成和工作原理

4.1 PLC的结构组成

随着控制系统的规模和复杂程度的增加，一套完整的PLC控制系统不再局限于单个PLC主机（基本单元）独立工作，而是由多个硬件组合而成，且根据PLC类型、应用场合、环境、功能等因素的不同，构成系统的硬件数量、类型、要求也不相同，不同系统的具体结构、组配模式、硬件规模也有很大的差异。

4.1.1 三菱PLC的结构组成

三菱公司为了满足各行各业不同的控制需求，推出了多种系列型号的PLC，如Q系列、AnS系列、QnA系列、A系列和FX系列等。

三菱PLC的硬件系统主要由基本单元、扩展单元、扩展模块及特殊功能模块组成，如图4-1所示。

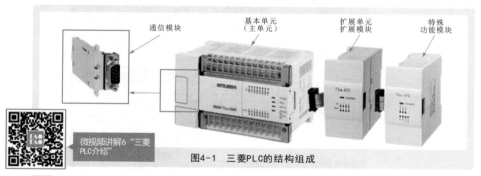

通信模块　　基本单元（主单元）　　扩展单元 扩展模块　　特殊功能模块

微视频讲解6 "三菱PLC介绍"

图4-1　三菱PLC的结构组成

1 三菱PLC的基本单元

三菱PLC的基本单元是PLC的控制核心，也称主单元，主要由CPU、存储器、输入接口、输出接口及电源等构成，是PLC硬件系统中的必选单元。下面以三菱FX系列PLC为例介绍硬件系统中的产品构成。

图4-2所示为三菱FX系列PLC的基本单元，也称PLC主机或CPU部分，属于集成型小型单元式PLC，具有完整的性能和通信功能等扩展性。常见FX系列产品主要有FX_{1N}、FX_{2N}和FX_{3U}三种。

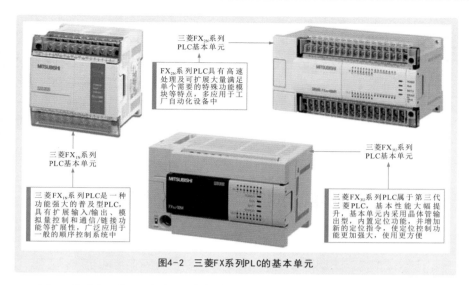

图4-2　三菱FX系列PLC的基本单元

三菱FX₂N系列PLC基本单元

FX₂N系列PLC具有高速处理及可扩展大量满足单个需要的特殊功能模块等特点，多应用于工厂自动化设备中

三菱FX₁N系列PLC基本单元

三菱FX₁N系列PLC是一种功能强大的普及型PLC，具有扩展输入/输出、模拟量控制和通信/链接功能等扩展性，广泛应用于一般的顺序控制系统中

三菱FX₃U系列PLC基本单元

三菱FX₃U系列PLC属于第三代三菱PLC，基本性能大幅提升，基本单元内采用晶体管输出型，内置定位功能，并增加新的定位指令，使定位控制功能更加强大，使用更方便

图4-3所示为三菱FX系列PLC基本单元的外部结构，主要由电源接口、输入/输出接口、PLC状态指示灯、输入/输出LED指示灯、扩展接口、外围设备接线插座和盖板、存储器和串行通信接口构成。

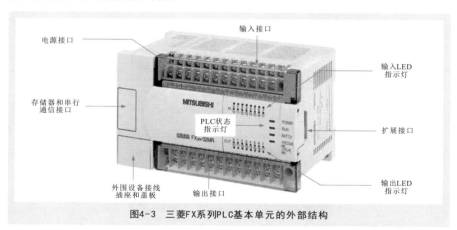

电源接口

输入接口

输入LED指示灯

存储器和串行通信接口

PLC状态指示灯

扩展接口

外围设备接线插座和盖板

输出接口

输出LED指示灯

图4-3　三菱FX系列PLC基本单元的外部结构

（1）电源接口和输入/输出接口。PLC的电源接口包括L端、N端和接地端，用于为PLC供电；PLC的输入接口通常使用X0、X1等进行标识；PLC的输出接口通常使用Y0、Y1等进行标识。图4-4所示为三菱PLC基本单元的电源接口和输入/输出接口。

（2）LED指示灯。LED指示灯部分包括PLC状态指示灯、输入LED指示灯和输出LED指示灯三部分，如图4-5所示。

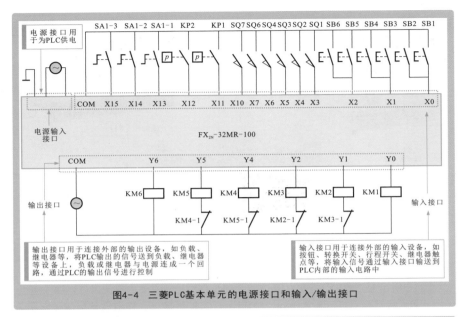

图4-4 三菱PLC基本单元的电源接口和输入/输出接口

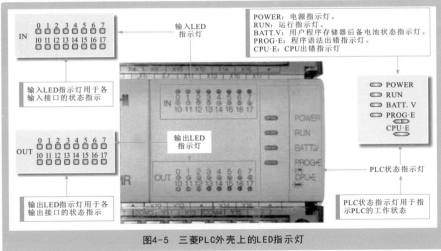

图4-5 三菱PLC外壳上的LED指示灯

（3）通信接口。PLC与计算机、外围设备、其他PLC之间需要通过共同约定的通信协议和通信方式由通信接口实现信息交换。图4-6所示为三菱PLC基本单元的通信接口。

拆开PLC外壳即可看到PLC的内部结构组成。通常情况下，三菱PLC基本单元的内部主要由CPU电路板、输入/输出接口电路板和电源电路板构成，如图4-7所示。

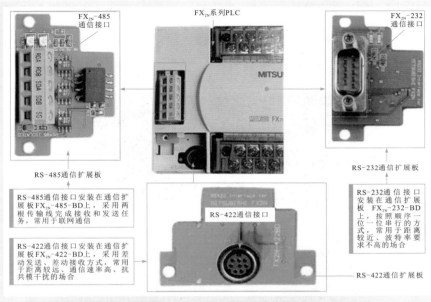

FX₂N-485
通信接口

FX₂N系列PLC

FX₂N-232
通信接口

RS-485通信扩展板

RS-485通信接口安装在通信扩展板FX₂N-485-BD上，采用两根传输线完成接收和发送任务，常用于联网通信

RS-422通信接口安装在通信扩展板FX₂N-422-BD上，采用差动发送、差动接收方式，常用于距离较远、通信速率高、抗共模干扰的场合

RS-422通信接口

RS-232通信接口安装在通信扩展板FX₂N-232-BD上，按照顺序一位一位串行的方式，常用于距离较近、波特率要求不高的场合

RS-232通信扩展板

RS-422通信扩展板

图4-6 三菱PLC基本单元的通信接口

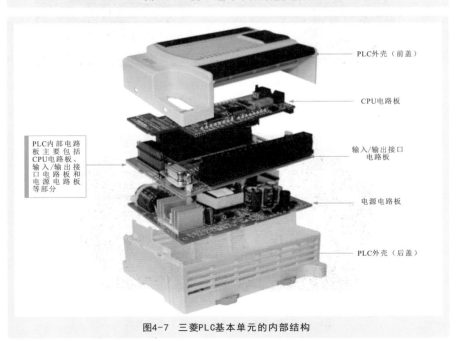

PLC外壳（前盖）

CPU电路板

输入/输出接口电路板

电源电路板

PLC外壳（后盖）

PLC内部电路板主要包括CPU电路板、输入/输出接口电路板和电源电路板等部分

图4-7 三菱PLC基本单元的内部结构

　　图4-8～图4-10所示分别为三菱PLC内部的CPU电路板、电源电路板和输入/输出接口电路板的结构组成。

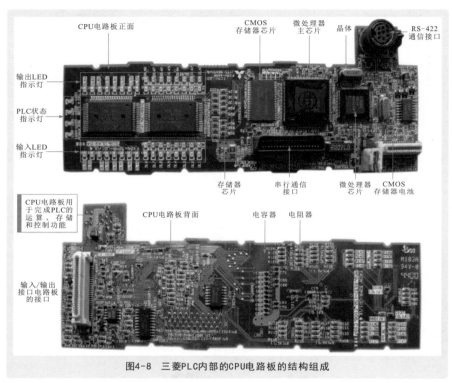

CPU电路板正面　　CMOS存储器芯片　　微处理器主芯片　　晶体　　RS-422通信接口

输出LED指示灯

PLC状态指示灯

输入LED指示灯

存储器芯片　　串行通信接口　　微处理器芯片　　CMOS存储器电池

CPU电路板用于完成PLC的运算、存储和控制功能

CPU电路板背面　　电容器　　电阻器

输入/输出接口电路板的接口

图4-8　三菱PLC内部的CPU电路板的结构组成

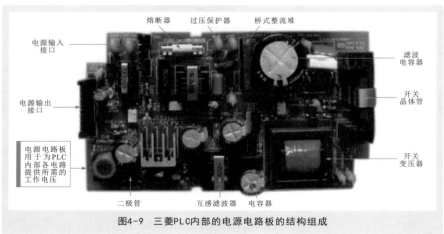

熔断器　　过压保护器　　桥式整流堆

电源输入接口

滤波电容器

电源输出接口

开关晶体管

电源电路板用于为PLC内部各电路提供所需的工作电压

开关变压器

二极管　　互感滤波器　　电容器

图4-9　三菱PLC内部的电源电路板的结构组成

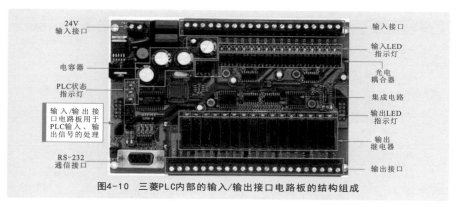

图4-10 三菱PLC内部的输入/输出接口电路板的结构组成

不同系列、不同型号的PLC具有不同的规格参数。图4-11所示为三菱FX$_{2N}$系列PLC基本单元的类型、I/O点数和性能参数。

三菱FX$_{2N}$系列PLC基本单元主要有25种类型，每种类型的基本单元通过I/O扩展单元都可扩展到256个I/O点；根据电源类型的不同，25种类型的FX$_{2N}$系列PLC基本单元可分为交流电源和直流电源两类

【三菱FX$_{2N}$系列PLC基本单元的类型及I/O点数】				
AC电源、24V直流输入				
继电器输出	晶体管输出	晶闸管输出	输入点数	输出点数
FX$_{2N}$-16MR-001	FX$_{2N}$-16MT-001	FX$_{2N}$-16MS-001	8	8
FX$_{2N}$-32MR-001	FX$_{2N}$-32MT-001	FX$_{2N}$-32MS-001	16	16
FX$_{2N}$-48MR-001	FX$_{2N}$-48MT-001	FX$_{2N}$-48MS-001	24	24
FX$_{2N}$-64MR-001	FX$_{2N}$-64MT-001	FX$_{2N}$-64MS-001	32	32
FX$_{2N}$-80MR-001	FX$_{2N}$-80MT-001	FX$_{2N}$-80MS-001	40	40
FX$_{2N}$-128MR-001	FX$_{2N}$-128MT-001		64	64

DC电源、24V直流输入			
继电器输出	晶体管输出	输入点数	输出点数
FX$_{2N}$-32MR-D	FX$_{2N}$-32MT-D	16	16
FX$_{2N}$-48MR-D	FX$_{2N}$-48MT-D	24	24
FX$_{2N}$-64MR-D	FX$_{2N}$-64MT-D	32	32
FX$_{2N}$-80MR-D	FX$_{2N}$-80MT-D	40	40

【三菱FX$_{2N}$系列PLC基本单元的基本性能指标】	
项 目	内 容
运算控制方式	存储程序、反复运算
I/O控制方式	批处理方式（在执行END指令时），可以使用输入/输出刷新指令
运算处理速度	基本指令：0.08微秒/步；应用指令：1.52微秒至数百微秒/应用指令
程序语言	梯形图、语句表、顺序功能图
存储器容量	8K步，最大可扩展为16K步（可选存储器，有RAM、EPROM、EEPROM）
指令数量	基本指令：27个；步进指令：2个；应用指令：132种、309个
I/O设置	最多256点

FX$_{2N}$基本单元

【三菱FX$_{2N}$系列PLC基本单元的输入技术指标】	
项 目	内 容
输入电压	DC 24V
输入电流	输入端子X0～X7：7mA；其他输入端子：5mA
输入开关电流OFF→ON	输入端子X0～X7：4.5mA；其他输入端子：3.5mA
输入开关电流ON→OFF	<1.5mA
输入阻抗	输入端子X0～X7：3.3kΩ；其他输入端子：4.3kΩ
输入隔离	光隔离
输入响应时间	0～60ms
输入状态显示	输入ON时LED灯亮

扩展接口

图4-11 三菱FX$_{2N}$系列PLC基本单元的类型、I/O点数和性能参数

【三菱FX₂ₙ系列PLC基本单元的输出技术指标】			
项 目	继电器输出	晶体管输出	晶闸管输出
外部电源	AC 250V，DC 30V以下	DC 5～30V	AC 85～242V
最大负载 电阻负载	2A/1点 8A/4点COM 8A/8点COM	0.5A/1点 0.8A/4点	0.3A/1点 0.8A/4点
最大负载 感性负载	80V·A	12W，DC 24V	15V·A，AC 100V 30V·A，AC 200V
最大负载 灯负载	100W	1.5W，DC 24V	30W
响应时间 OFF→ON	约10ms	0.2ms以下	1ms以下
响应时间 ON→OFF	约10ms	0.2ms以下（24V/200mA时）	最大10ms
开路漏电流	—	0.1mA以下，DC 30V	1mA/AC 100V，2mA/AC 200V
电路隔离	继电器隔离	光电耦合器隔离	光敏晶闸管隔离
输出状态显示	继电器通电时LED灯亮	光电耦合器驱动时LED灯亮	光敏晶闸管驱动时LED灯亮

图4-11 三菱FX₂ₙ系列PLC基本单元的类型、I/O点数和性能参数（续）

三菱FX₂ₙ系列PLC具有高速处理功能，可扩展多种满足特殊需要的扩展单元及特殊功能模块（每个基本单元可扩展8个，可兼用FX₀ₙ的扩展单元及特殊功能模块），且具有很大的灵活性和控制能力，如多轴定位控制、模拟量闭环控制、浮点数运算、开平方运算和三角函数运算等。

补充说明

三菱PLC基本单元的正面标识有PLC的型号，型号中的每个字母或数字都表示不同的含义。图4-12所示为三菱FX₂ₙ系列PLC型号中各字母或数字所表示的含义。

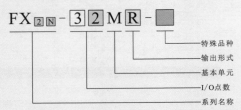

图4-12 三菱FX₂ₙ系列PLC型号中各字母或数字所表示的含义

◇系列名称：如0、2、1S、1N、2N、2NC、3U等。
◇I/O点数：PLC输入/输出的总点数，为10～256。
◇基本单元：M代表PLC的基本单元。
◇输出形式：R为继电器输出，有触点，可带交/直流负载；T为晶体管输出，无触点，可带直流负载；S为晶闸管输出，无触点，可带交流负载。
◇特殊品种：D为DC电源，表示DC输出；A为AC电源，表示AC输入或AC输出模块；H为大电流输出扩展模块；V为立式端子排的扩展模块；C为接插口I/O方式；F表示输出滤波时间常数为1ms的扩展模块。

若三菱FX系列PLC基本单元型号标识的"特殊品种"一项无标识，则默认为AC电源、DC输入、横式端子排、标准输出。

2 三菱PLC的扩展单元

三菱PLC的扩展单元是一个独立的扩展设备，通常接在PLC基本单元的扩展接口或扩展插槽上，如图4-13所示。

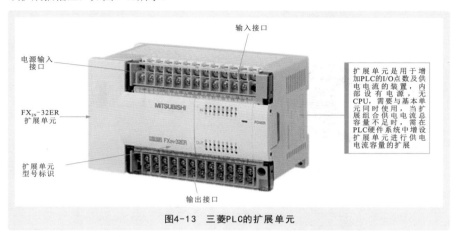

图4-13 三菱PLC的扩展单元

不同系列三菱PLC的扩展单元类型不同，见表4-1。三菱FX$_{2N}$系列PLC的扩展单元主要有6种类型，根据输出类型的不同，6种类型的FX$_{2N}$系列PLC的扩展单元可分为继电器输出和晶体管输出两大类。

表4-1 三菱FX$_{2N}$系列PLC扩展单元的类型及I/O点数

继电器输出	晶体管输出	I/O总数	输入点数	输出点数	输入电压	类型
FX$_{2N}$-32ER	FX$_{2N}$-32ET	32	16	16		
FX$_{2N}$-48ER	FX$_{2N}$-48ET	48	24	24	24V直流	漏型
FX$_{2N}$-48ER-D	FX$_{2N}$-48ET-D	48	24	24		

补充说明

三菱PLC扩展单元正面标识型号的命名规则与基本单元相似，只是使用字母E标识，如图4-14所示。

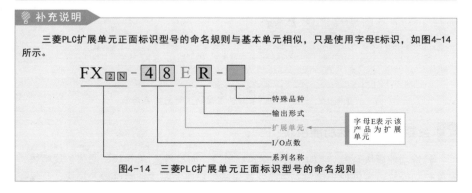

图4-14 三菱PLC扩展单元正面标识型号的命名规则

3　三菱PLC的扩展模块

三菱PLC的扩展模块是用于增加PLC的I/O点数及改变I/O比例的装置，内部无电源和CPU，需要与基本单元配合使用，由基本单元或扩展单元供电，如图4-15所示。

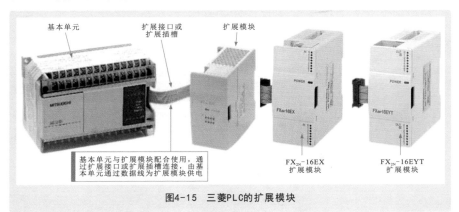

图4-15　三菱PLC的扩展模块

不同系列三菱PLC的扩展模块类型不同，见表4-2。三菱FX_{2N}系列PLC的扩展模块主要有3种类型，分别为FX_{2N}-16EX、FX_{2N}-16EYT、FX_{2N}-16EYR。

表4-2　三菱FX_{2N}系列PLC的扩展模块的类型及I/O点数

型　号	I/O总数	输入点数	输出点数	输入电压	输入类型	输出类型
FX_{2N}-16EX	16	16	—	24V直流	漏型	—
FX_{2N}-16EYT	16	—	16	—	—	晶体管
FX_{2N}-16EYR	16	—	16	—	—	继电器

补充说明

三菱PLC扩展模块的正面标识有扩展模块的型号，其型号命名规则与扩展单元相似，如图4-16所示。

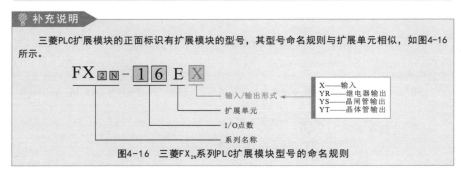

图4-16　三菱FX_{2N}系列PLC扩展模块型号的命名规则

4　三菱PLC的特殊功能模块

特殊功能模块是PLC中的一种专用扩展模块，如模拟量I/O模块、通信扩展模块、温度控制模块、定位控制模块、高速计数模块、热电偶温度传感器输入模块、凸轮控制模块等。

模拟量I/O模块包含模拟量输入模块和模拟量输出模块两大部分。图4-17所示为三菱PLC的模拟量I/O模块。

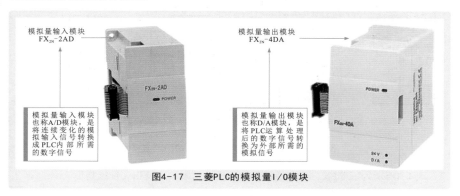

图4-17　三菱PLC的模拟量I/O模块

图4-18所示为三菱PLC模拟量I/O模块的工作流程。生产过程现场将连续变化的模拟信号（如压力、温度、流量等模拟信号）送入模拟量输入模块中，经循环多路开关后进行A/D转换，再经过缓冲区BFM后为PLC提供一定位数的数字信号。PLC将接收到的数字信号根据预先编写好的程序进行运算处理，并将运算处理后的数字信号输入模拟量输出模块中，经缓冲区BFM后再进行D/A转换，为生产设备提供一定的模拟控制信号。

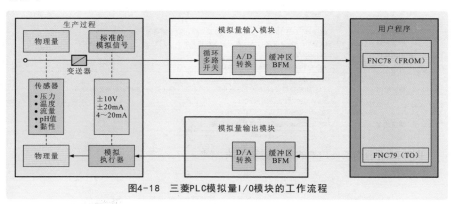

图4-18　三菱PLC模拟量I/O模块的工作流程

在三菱PLC模拟量输入模块的内部，DC 24V电源经DC/DC转换器转换为±15V和5V开关电源，为模拟输入单元提供所需的工作电压，同时模拟输入单元接收CPU发送来的控制信号，经光电耦合器后控制多路开关闭合，通道CH1（或CH2、CH3、CH4）输入的模拟信号经多路开关后进行A/D转换，再经光电耦合器后为CPU提供一定位数的数字信号。

图4-19所示为三菱PLC模拟量输入模块的内部方框图。

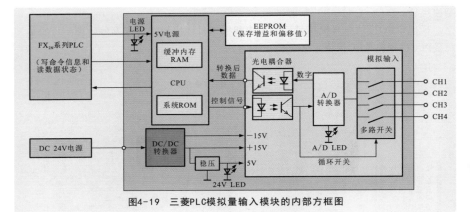

图4-19 三菱PLC模拟量输入模块的内部方框图

表4-3所示为三菱FX$_{2N}$-4AD模拟量输入模块基本参数及相关性能指标。

表4-3 三菱FX$_{2N}$-4AD模拟量输入模块基本参数及相关性能指标

【三菱FX$_{2N}$-4AD模拟量输入模块基本参数】		
项　目	内　容	
输入通道数量	4个	
最大分辨率	12位	
模拟值范围	DC −10～10V（分辨率为5mV）或4～20mA，−20～20mA（分辨率为20μA）	
BFM数量	32个（每个16位）	
占用扩展总线数量	8个点（可分配成输入或输出）	
【三菱FX$_{2N}$-4AD模拟量输入模块的电源指标及其他性能指标】		
项　目	内　容	
模拟电路	DC 24V（1±10%），55mA（来自基本单元的外部电源）	
数字电路	DC 5V，30mA（来自基本单元的内部电源）	
耐压绝缘电压	AC 5000V，1min	
模拟输入范围	电压输入	DC −10～10V（输入阻抗200kΩ）
	电流输入	DC −20～20mA（输入阻抗250Ω）
数字输出	12位的转换结果以16位二进制补码方式存储，最大值为+2047，最小值为−2048	
分辨率	电压输入	5mV（10V默认范围为1/2000）
	电流输入	20μA（20mA默认范围为1/1000）
转换速度	常速：15ms/通道；高速：6ms/通道	

图4-20所示为三菱PLC的定位控制模块。

所控制的机械设备要求定位控制时，需在PLC系统中加入定位控制模块，如通过脉冲输出模块FX$_{2N}$-1PG和定位控制模块FX$_{2N}$-10GM等实现机械设备的一点或多点的定位控制

脉冲输出模块
FX$_{2N}$-1PG

定位控制模块
FX$_{2N}$-10GM

图4-20 三菱PLC的定位控制模块

图4-21所示为三菱PLC的高速计数模块。

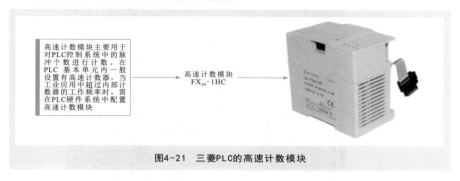

图4-21 三菱PLC的高速计数模块

图4-22所示为三菱PLC的其他扩展模块。常见三菱PLC产品除了上述功能模块外，还有一些其他功能的扩展模块，如热电偶温度传感器输入模块、凸轮控制模块等。

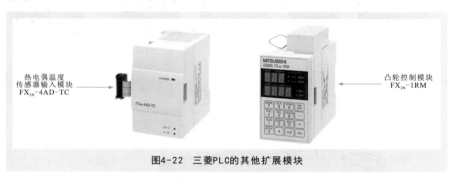

图4-22 三菱PLC的其他扩展模块

4.1.2 西门子PLC的结构组成

西门子公司为了满足用户的不同要求推出了多种PLC产品，每种PLC产品可构成控制系统的硬件结构有所不同。下面以西门子常见的S7类PLC为例进行介绍。

西门子PLC的硬件系统主要包括PLC主机（CPU模块）、电源模块（PS）、接口模块（IM）、信息扩展模块（SM）、通信模块（CP）、功能模块（FM）等部分。硬件系统规模不同，所需模块的种类和数量也不同，如图4-23所示。

1 PLC主机（CPU模块）

PLC主机是构成西门子PLC硬件系统的核心单元，主要包括负责执行程序和存储数据的微处理器，常称为CPU（中央处理器）模块。西门子PLC主机外部主要由电源输入接口、输入接口、输出接口、通信接口、PLC状态指示灯、输入/输出LED指示灯、可选配件、传感器输出接口、检修口等构成，如图4-24所示。

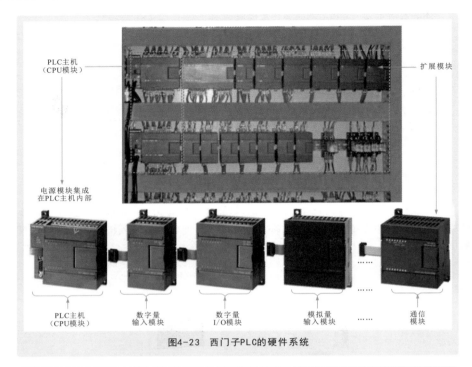

图4-23　西门子PLC的硬件系统

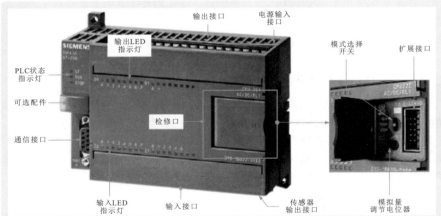

图4-24　西门子PLC的主机结构

（1）电源接口和输入/输出接口。PLC的电源接口包括L端、N端和接地端，用于为PLC供电；输入接口通常使用I0.0、I0.1等进行标识；输出接口通常使用Q0.0、Q0.1等进行标识，如图4-25所示。

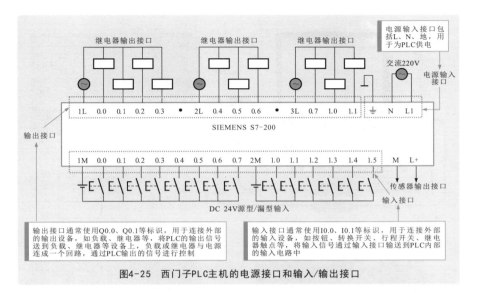

图4-25 西门子PLC主机的电源接口和输入/输出接口

（2）LED指示灯。LED指示灯部分包括PLC状态指示灯、输入LED指示灯和输出LED指示灯三部分，如图4-26所示。

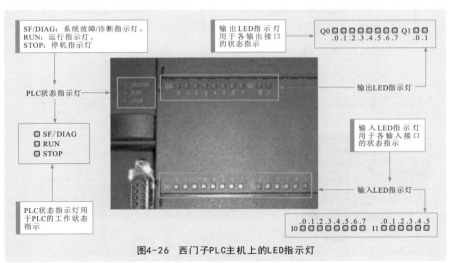

图4-26 西门子PLC主机上的LED指示灯

（3）通信接口。西门子S7系列PLC常采用RS-485通信接口，如图4-27所示，支持PPI通信和自由通信协议。

（4）检修口。西门子S7系列PLC的检修口包括模式选择开关、模拟量调节电位器和扩展接口，如图4-28所示。

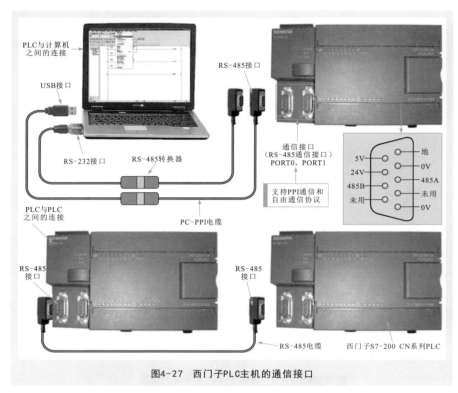

图4-27　西门子PLC主机的通信接口

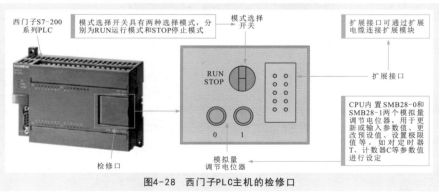

图4-28　西门子PLC主机的检修口

　　取下西门子PLC的外壳即可看到其内部结构。图4-29所示为西门子S7-200系列PLC的内部结构，主要由CPU电路板、输入/输出接口电路板和电源电路板构成。

　　图4-30～图4-32所示分别为西门子PLC的CPU电路板、输入/输出接口电路板和电源电路板的结构组成。

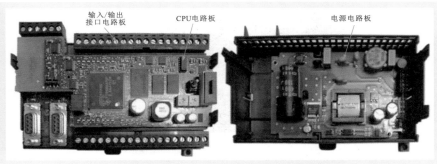

图4-29　西门子S7-200系列PLC的内部结构

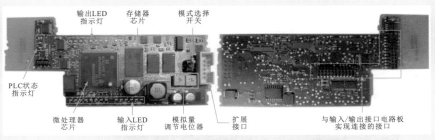

图4-30　西门子PLC的CPU电路板的结构组成

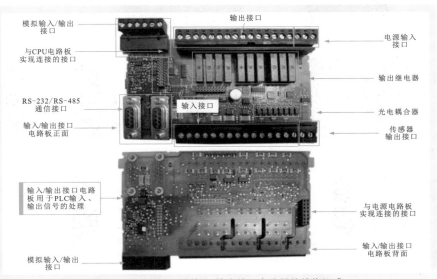

图4-31　西门子PLC的输入/输出接口电路板的结构组成

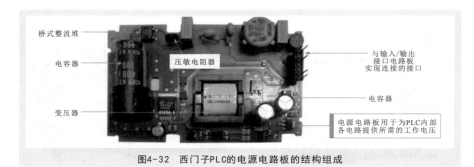

桥式整流堆

电容器

压敏电阻器

变压器

与输入/输出
接口电路板
实现连接的接口

电容器

电源电路板用于为PLC内部
各电路提供所需的工作电压

图4-32　西门子PLC的电源电路板的结构组成

　　西门子各系列PLC主机的类型和功能各不相同，且每一系列的主机又都包含多种类型的CPU，以适应不同的应用要求，如图4-33所示。

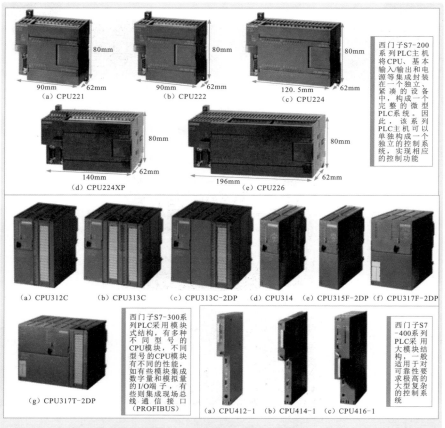

（a）CPU221　　（b）CPU222　　（c）CPU224

西门子S7-200系列PLC主机将CPU、基本输入/输出和电源等集成封装在一个独立、紧凑的设备中，构成一个完整的微型PLC系统。因此，该系列PLC主机可以单独构成一个独立的控制系统，实现相应的控制功能

（d）CPU224XP　　（e）CPU226

（a）CPU312C　（b）CPU313C　（c）CPU313C-2DP　（d）CPU314　（e）CPU315F-2DP　（f）CPU317F-2DP

（g）CPU317T-2DP

西门子S7-300系列PLC采用模块式结构，有多种不同型号的CPU模块，不同型号的CPU模块有不同的性能，如有些模块集成数字量和模拟量的I/O端子，有些则集成现场总线通信接口（PROFIBUS）

（a）CPU412-1　（b）CPU414-1　（c）CPU416-1

西门子S7-400系列PLC采用大模块结构，一般适用于对可靠性要求极高的大型复杂的控制系统

图4-33　西门子PLC的CPU模块

2 西门子PLC的电源模块

电源模块是指由外部为PLC供电的功能单元。西门子PLC的电源模块主要有两种：一种是集成在PLC主机内部的电源模块，另一种是独立的电源模块。

图4-34所示为西门子PLC两种形式的电源模块。

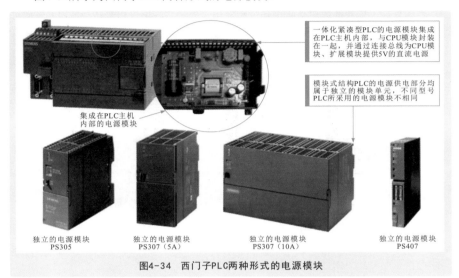

一体化紧凑型PLC的电源模块集成在PLC主机内部，与CPU模块封装在一起，并通过连接总线为CPU模块、扩展模块提供5V的直流电源

模块式结构PLC的电源供电部分均属于独立的模块单元，不同型号PLC所采用的电源模块不相同

集成在PLC主机内部的电源模块

独立的电源模块 PS305

独立的电源模块 PS307（5A）

独立的电源模块 PS307（10A）

独立的电源模块 PS407

图4-34 西门子PLC两种形式的电源模块

3 西门子PLC的接口模块

接口模块用于在组成多机架系统时连接主机架（CR）和扩展机架（ER），多应用于西门子S7-300/400系列PLC系统中，如图4-35所示。

IM360 S7-300系列PLC 多机架扩展接口模块

IM361 S7-300系列PLC 多机架扩展接口模块

IM460 S7-400系列PLC 中央机架发送接口模块

图4-35 西门子PLC的接口模块

4 西门子PLC的信息扩展模块

在实际应用中，为了实现更强的控制功能，各类型的西门子PLC可以采用扩展I/O点的方法扩展系统配置和控制规模。各种扩展用的I/O模块被统称为信息扩展模块。

不同类型PLC所采用的信息扩展模块不同，但基本都包含数字量扩展模块和模拟量扩展模块。

（1）数字量扩展模块。西门子PLC除本机集成的数字量I/O端子外，可连接数字量扩展模块（DI/DO）用以扩展更多的数字量I/O端子。数字量扩展模块包括数字量输入模块和数字量输出模块。

数字量输入模块的作用是将现场过程发送来的数字高电平信号转换成PLC内部可识别的信号电平。通常情况下，数字量输入模块可用于连接工业现场的机械触点或电子式数字传感器。图4-36所示为西门子S7系列PLC中常见数字量输入模块。

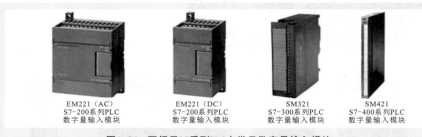

EM221（AC）   EM221（DC）   SM321   SM421
S7-200系列PLC   S7-200系列PLC   S7-300系列PLC   S7-400系列PLC
数字量输入模块   数字量输入模块   数字量输入模块   数字量输入模块

图4-36　西门子S7系列PLC中常见数字量输入模块

数字量输出模块的作用是将PLC内部信号电平转换成过程所要求的外部信号电平，通常情况下可用于直接驱动电磁阀、接触器、指示灯、变频器等外部设备和功能部件。

图4-37所示为西门子S7系列PLC中常见数字量输出模块。

EM222（AC）   EM223（DC）   SM322   SM323   SM422
S7-200系列PLC   S7-200系列PLC   S7-300系列PLC   S7-300系列PLC   S7-400系列PLC
数字量输出模块   数字量输入/输出模块   数字量输出模块   数字量输入/输出模块 数字量输出模块

图4-37　西门子S7系列PLC中常见数字量输出模块

（2）模拟量扩展模块。PLC数字系统不能输入和处理连续的模拟量信号，由于很多自动控制系统所控制的量为模拟量，因此为使PLC的数字系统可以处理更多的模拟量，除本机集成的模拟量I/O端子外，可连接模拟量扩展模块（AI/AO）用以扩展更多的模拟量I/O端子。模拟量扩展模块包括模拟量输入模块和模拟量输出模块，如图4-38所示。

模拟量输入模块用于将现场各种模拟量测量传感器输出的直流电压或电流信号转换为PLC内部处理用的数字信号（核心为A/D转换）。电压和电流传感器、热电偶、电阻或电阻式温度计均可作为传感器与其连接。

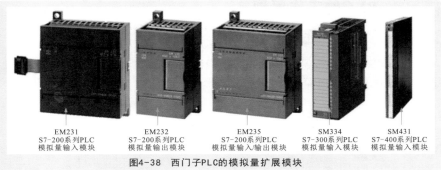

图4-38 西门子PLC的模拟量扩展模块

| EM231
S7-200系列PLC
模拟量输入模块 | EM232
S7-200系列PLC
模拟量输出模块 | EM235
S7-200系列PLC
模拟量输入/输出模块 | SM334
S7-300系列PLC
模拟量输入模块 | SM431
S7-400系列PLC
模拟量输入模块 |

5 西门子PLC的通信模块

西门子PLC具有很强的通信功能，除CPU模块本身集成的通信接口外，还可扩展连接不同类型（信号）的通信模块，用以实现PLC与PLC之间、PLC与计算机之间、PLC与其他功能设备之间的通信，如图4-39所示。

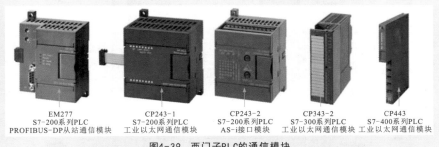

图4-39 西门子PLC的通信模块

| EM277
S7-200系列PLC
PROFIBUS-DP从站通信模块 | CP243-1
S7-200系列PLC
工业以太网通信模块 | CP243-2
S7-200系列PLC
AS-i接口模块 | CP343-2
S7-300系列PLC
工业以太网通信模块 | CP443
S7-400系列PLC
工业以太网通信模块 |

6 西门子PLC的功能模块

功能模块主要用于要求较高的特殊控制任务。西门子PLC中常用的功能模块如图4-40所示。

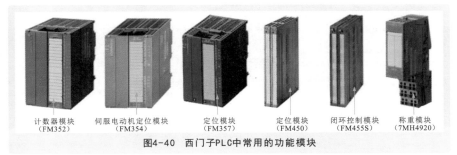

图4-40 西门子PLC中常用的功能模块

| 计数器模块
（FM352） | 伺服电动机定位模块
（FM354） | 定位模块
（FM357） | 定位模块
（FM450） | 闭环控制模块
（FM455S） | 称重模块
（7MH4920） |

4.2 PLC的工作原理

4.2.1 PLC的工作条件

PLC是一种以微处理器为核心的可编程控制装置，由电源电路提供所需的工作电压。图4-41所示为PLC的整机控制及供电过程。

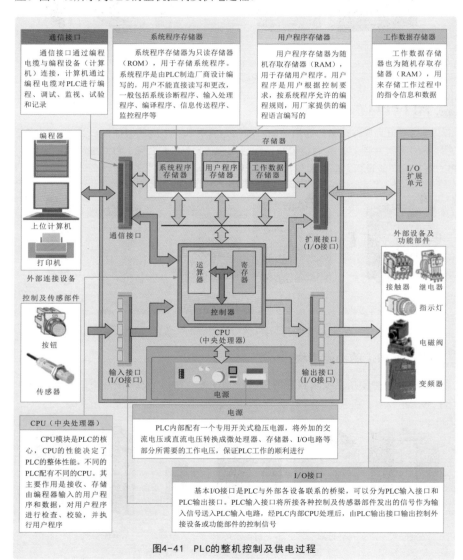

通信接口 通信接口通过编程电缆与编程设备（计算机）连接，计算机通过编程电缆对PLC进行编程、调试、监视、试验和记录

系统程序存储器 系统程序存储器为只读存储器（ROM），用于存储系统程序。系统程序是由PLC制造厂商设计编写的，用户不能直接读写和更改，一般包括系统诊断程序、输入处理程序、编译程序、信息传送程序、监控程序等

用户程序存储器 用户程序存储器为随机存取存储器（RAM），用于存储用户程序。用户程序是用户根据控制要求，按系统程序允许的编程规则，用厂家提供的编程语言编写的

工作数据存储器 工作数据存储器也为随机存取存储器（RAM），用来存储工作过程中的指令信息和数据

CPU（中央处理器） CPU模块是PLC的核心，CPU的性能决定了PLC的整体性能。不同的PLC配有不同的CPU。其主要作用是接收、存储器输入的用户程序和数据，对用户程序进行检查、校验，并执行用户程序

电源 PLC内部配有一个专用开关式稳压电源，将外加的交流电压或直流电压转换成微处理器、存储器、I/O电路等部分所需要的工作电压，保证PLC工作的顺利进行

I/O接口 基本I/O接口是PLC与外部各设备联系的桥梁，可以分为PLC输入接口和PLC输出接口。PLC输入接口将所接各种控制及传感器部件发出的信号作为输入信号送入PLC输入电路，经PLC内部CPU处理后，由PLC输出接口输出控制外接设备或功能部件的控制信号

图4-41 PLC的整机控制及供电过程

4.2.2 PLC的工作过程

PLC的工作过程主要可以分为PLC用户程序的输入、PLC内部用户程序的编译处理、PLC用户程序的执行过程三部分。

1 PLC用户程序的输入

PLC的用户程序是由工程技术人员通过编程设备（编程器）输入的，如图4-42所示。

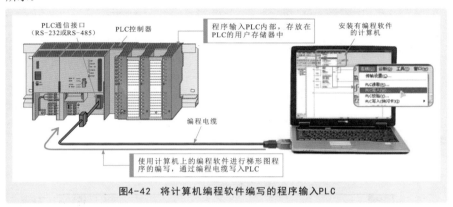

图4-42 将计算机编程软件编写的程序输入PLC

2 PLC内部用户程序的编译处理

将用户编写的程序存入PLC后，CPU会向存储器发出控制指令，从程序存储器中调用解释程序，将编写的程序进一步编译，使其成为PLC认可的编译程序，如图4-43所示。

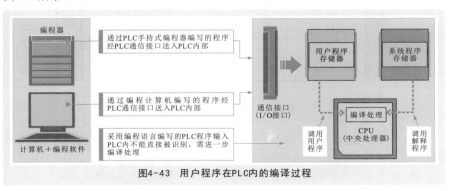

图4-43 用户程序在PLC内的编译过程

3 PLC用户程序的执行过程

用户程序的执行过程为PLC工作的核心内容，执行过程如图4-44所示。

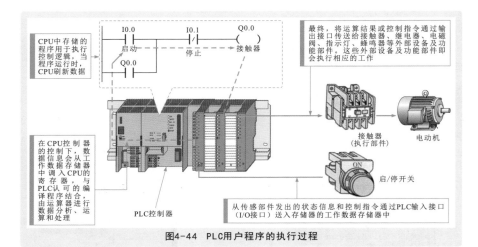

图4-44 PLC用户程序的执行过程

为了更清晰地了解PLC的工作过程，将PLC内部等效为三个功能电路，即输入电路、运算控制电路、输出电路，如图4-45所示。

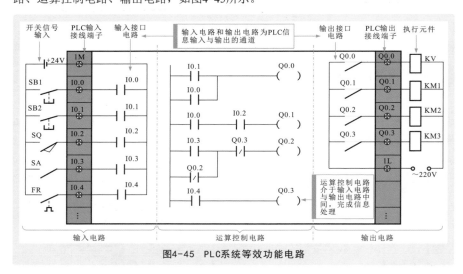

图4-45 PLC系统等效功能电路

（1）PLC的输入电路。输入电路主要为输入信号采集部分，将被控对象的各种控制信息及操作命令转换成PLC输入信号，送给运算控制电路部分。

PLC输入电路根据输入端电源的类型不同主要有直流输入电路和交流输入电路。

例如，典型PLC中的直流输入电路主要由电阻器R1、电阻器R2、电容器C、光电耦合器IC、发光二极管LED等构成，如图4-46所示。其中，R1为限流电阻，R2与C构成滤波电路，用于滤除输入信号中的高频干扰；光电耦合器起到光电隔离的作用，防止现场的强电干扰进入PLC中；发光二极管用于显示输入点的状态。

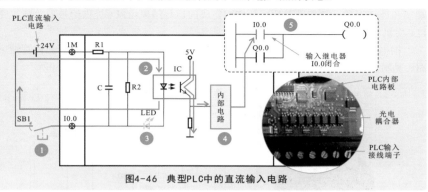

图4-46　典型PLC中的直流输入电路

【1】按下PLC外接开关部件（按钮SB1）。
【2】PLC内光电耦合器导通。
【3】发光二极管LED点亮，指示开关部件SB1处于闭合状态。
【4】光电耦合器输出端输出高电平，送到内部电路中。
【5】CPU识别该信号时，将用户程序中对应的输入继电器触点置1。

　相反，当按钮SB1断开时，光电耦合器不导通，发光二极管不亮，CPU识别该信号时，将用户程序中对应的输入继电器触点置0。

　　PLC的交流输入电路（图4-47）与直流输入电路基本相同，外接交流电源的大小根据不同CPU的类型有所不同（可参阅相应的使用手册）。

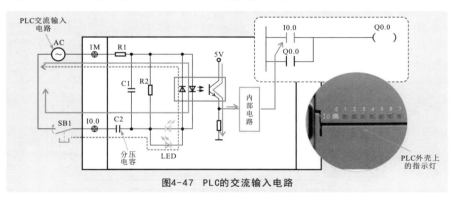

图4-47　PLC的交流输入电路

　　例如，在典型PLC交流输入电路中，电容器C2用于隔离交流强电中的直流分量，防止强电干扰损坏PLC。另外，光电耦合器内部为两个方向相反的发光二极管，任意一个发光二极管导通都可以使光电耦合器中的光敏晶体管导通并输出相应的信号。状态指示灯也采用两个反向并联的发光二极管，光电耦合器中任意一个二极管导通都能使状态指示灯点亮（直流输入电路也可以采用该结构，外接直流电源时可不用考虑极性）。

　　（2）PLC的输出电路。输出电路即开关量的输出单元，由PLC输出接口电路、连接端子和外部设备及功能部件构成，CPU完成的运算结果由PLC提供给被控负载，完成PLC主机与工业设备或生产机械之间的信息交换。

　　根据输出电路所用开关器件的不同，PLC输出电路主要有三种，即晶体管输出电路、晶闸管输出电路和继电器输出电路，其工作过程分别如图4-48～图4-50所示。

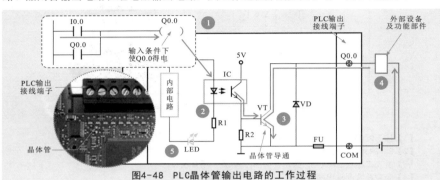

图4-48　PLC晶体管输出电路的工作过程

　　【1】PLC内部电路接收到输入电路的开关量信号，使对应于晶体管VT的内部继电器置1，相应输出继电器得电。
　　【2】所对应输出电路的光电耦合器导通。
　　【3】晶体管VT导通。
　　【4】PLC外部设备及功能部件得电。
　　【5】状态指示灯LED点亮，表示当前该输出点状态为1。

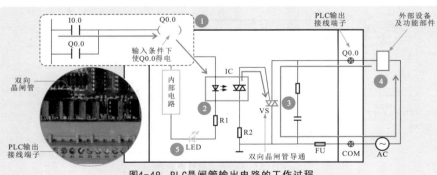

图4-49　PLC晶闸管输出电路的工作过程

　　【1】PLC内部电路接收到输入电路的开关量信号，使对应于双向晶闸管VS的内部继电器置1，相应输出继电器得电。
　　【2】所对应输出电路的光电耦合器导通。
　　【3】双向晶闸管VS导通。
　　【4】PLC外部设备及功能部件得电。
　　【5】状态指示灯LED点亮，表示当前该输出点状态为1。

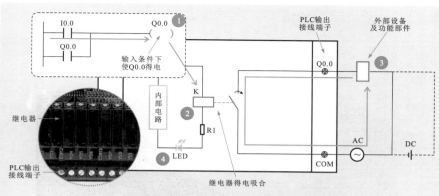

图4-50　PLC继电器输出电路的工作过程

【1】PLC内部电路接收到输入电路的开关量信号，使对应于继电器K的内部继电器置1，相应输出继电器得电。

【2】继电器K线圈得电，其常开触点闭合。

【3】PLC外部设备及功能部件得电。

【4】状态指示灯LED点亮，表示当前该输出点状态为1。

　　上述三种PLC输出电路都有各自的特点，可作为选用PLC时的重要参考因素，使PLC控制系统达到最佳控制状态。表4-4所示为三种PLC输出电路的比较。

表4-4　三种PLC输出电路的比较

输出电路类型	电源类型	特　点
晶体管输出电路	直流	● 无触点开关，使用寿命长，适用于需要输出点频繁通/断的场合； ● 响应速度快
晶闸管输出电路	直流或交流	● 无触点开关，适用于需要输出点频繁通/断的场合； ● 多用于驱动交流功能部件； ● 驱动能力比继电器大，可直接驱动小功率接触器； ● 响应时间介于晶体管和继电器之间
继电器输出电路	直流或交流	● 有触点开关，触点电气使用寿命一般为10万～30万次，不适用于需要输出点频繁通/断的场合； ● 既可驱动交流功能部件，也可驱动直流功能部件； ● 继电器输出电路输出与输入存在时间延迟，滞后时间一般约为10ms

补充说明

　　常见PLC根据输入电路或输出电路的公共端子接线方式可分为共点式、分组式、隔离式。

　　（1）共点式输入或输出电路是指输入或输出电路中所有I/O点共用一个公共端子。

　　（2）分组式输入或输出电路是指将输入或输出电路中所有I/O点分为若干组，每组各共用一个公共端子。

　　（3）隔离式输入或输出电路是指具有公共端子的各组输入或输出点之间互相隔离，可各自使用独立的电源。

5

本章系统介绍PLC的
编程方式与编程软件。

● PLC的编程方式
◇ 软件编程
◇ 编程器编程
● PLC的编程软件
◇ PLC的编程软件的
  下载安装
◇ PLC的编程软件的
  使用操作

第5章

PLC的编程方式与编程软件

5.1 PLC的编程方式

PLC所实现的各项控制功能是根据用户程序实现的，各种用户程序需要编程人员根据控制的具体要求进行编写。通常，PLC用户程序的编程方式主要有软件编程和编程器编程两种。

5.1.1 软件编程

软件编程是指借助PLC专用的编程软件编写程序。采用软件编程的方式需将编程软件安装在匹配的计算机中，在计算机上根据编程软件的编写规则编写具有相应控制功能的PLC控制程序（梯形图程序或语句表程序），最后借助通信电缆将编写好的程序写入PLC内部即可，如图5-1所示。

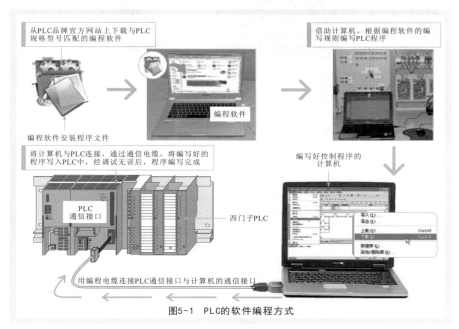

从PLC品牌官方网站上下载与PLC规格型号匹配的编程软件

编程软件安装程序文件

借助计算机，根据编程软件的编写规则编写PLC程序

将计算机与PLC连接，通过通信电缆，将编写好的程序写入PLC中，经调试无误后，程序编写完成

编写好控制程序的计算机

PLC通信接口

西门子PLC

用编程电缆连接PLC通信接口与计算机的通信接口

图5-1 PLC的软件编程方式

5.1.2 | 编程器编程

编程器编程是指借助PLC专用的编程器设备直接向PLC中编写程序。在实际应用中，编程器多为手持式编程器，具有体积小、质量轻、携带方便等特点，在一些小型PLC的用户程序编制、现场调试、监视等场合应用十分广泛。

编程器编程是一种基于指令语句表的编程方式。首先需要根据PLC的型号、系列选择匹配的编程器，然后借助通信电缆将编程器与PLC连接，通过操作编程器上的按键，直接向PLC中写入语句表指令。

图5-2所示为PLC采用手持式编程器编程示意图。

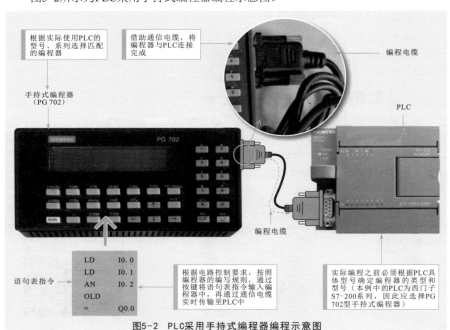

图5-2　PLC采用手持式编程器编程示意图

不同品牌或不同型号的PLC所采用的编程器的类型也不相同，在将指令语句表程序写入PLC时，应注意选择合适的编程器。表5-1为各种PLC对应匹配的手持式编程器型号汇总。

表5-1　各种PLC对应匹配的手持式编程器型号汇总

PLC		手持式编程器
三菱	F/F1/F2系列	F1-20P-E、GP-20F-E、GP-80F-2B-E、F2-20P-E
	FX系列	FX-20P-E
西门子	S7-200系列	PG 702
	S7-300/400系列	一般采用编程软件编程

续表

PLC		手持式编程器
欧姆龙	C**P/C200H系列	C120-PR015
	C**P/C200H/C1000H/C2000H系列	C500-PR013、C500-PR023
	C**P系列	PR027
	C**H/C200H/C200HS/C200Ha/CPM1/CQM1系列	C200H-PR027
光洋	KOYO SU-5/SU-6/SU-6B系列	S-01P-EX
	KOYO SR21系列	A-21P

采用编程器编程时，编程器多为手持式编程器，通过与PLC连接可实现向PLC写入程序、读出程序、插入程序、删除程序、监视PLC的工作状态等。下面以西门子S7-200系列适用的手持式编程器PG 702为例，简单介绍西门子PLC的编程器编程方式。

使用手持式编程器PG 702进行编程前，首先需要了解该编程器各功能按键的具体功能，并根据使用说明书及相关介绍了解各按键符号输入的方法和要求等。

图5-3所示为手持式编程器PG 702的操作面板。

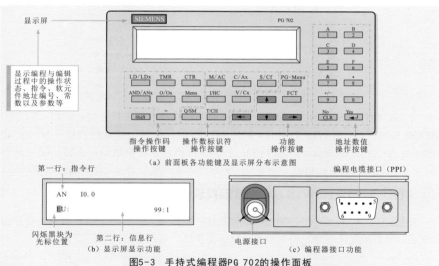

图5-3 手持式编程器PG 702的操作面板

补充说明

不同型号和品牌的手持式编程器的具体操作方法有所不同。手持式编程器PG 702各指令具体操作方法这里不再介绍，可根据编程器相应的用户使用手册中规定的要求、方法进行输入和使用。

目前，大多数新型西门子PLC不再采用手持式编程器进行编程，且随着笔记本电脑的日益普及，在一些需要现场编程和调试的场合，使用笔记本电脑便可完成工作任务。

在实际应用中，一般使用专用的工业笔记本式计算机进行编程，如西门子工业编程器PG M3为专用的工业笔记本式计算机，属于一种新型自动化工具，具有优秀的性能、为工业使用所优化的硬件以及预安装的SIMATIC工程软件等特点，目前已被广泛应用。

5.2 PLC的编程软件

5.2.1 PLC的编程软件的下载安装

　　编程软件是指专门用于对某品牌或某型号PLC进行程序编写的软件。不同品牌的PLC可采用的编程软件不相同，有些相同品牌不同系列的PLC可用的编程软件也不相同。

　　表5-2所示为几种常用PLC品牌可用的编程软件汇总。需要注意的是，随着PLC的不断更新换代，其对应编程软件及版本都有不同的升级和更换，在实际选择编程软件时应首先对应其品牌和型号查找匹配的编程软件。

表5-2　几种常用PLC品牌可用的编程软件汇总

PLC		编程软件
三菱	三菱通用	GX Developer
	FX系列	FXGP-WIN-C
	Q、QnU、L、FX等系列	Gx Work 2（PLC综合编程软件）
西门子	S7-200 SMART PLC	STEP 7-Micro/WIN SMART
	S7-200 PLC	STEP 7-Micro/WIN
	S7-300/400 PLC	STEP 7 V
松下		FPWIN-GR
欧姆龙		CX-Programmer
施耐德		unity pro XL
台达		WPL Soft 或ISP Soft
AB		Logix 5000

　　下面以西门子S7-200 SMART系列PLC的编程软件为例进行介绍。西门子S7-200 SMART系列PLC采用STEP 7-Micro/WIN SMART编程软件，该软件可在Windows XP SP3（仅32位）、Windows 7（支持32位和64位）操作系统中运行，支持LAD（梯形图）、STL（语句表）、FBD（功能块图）编程语言，部分语言之间可自由转换。

1　STEP 7-Micro/WIN SMART编程软件的下载

　　安装STEP 7-Micro/WIN SMART编程软件，首先需要在西门子官方网站注册并授权下载该软件的安装程序，将下载的压缩包文件解压缩，如图5-4所示。

STEP 7-Micro/WIN SMART编程软件
安装程序压缩包

压缩包解压后的
安装程序

图5-4　下载并解压STEP 7-Micro/WIN SMART编程软件的安装程序压缩包文件

2 STEP 7-Micro/WIN SMART编程软件的安装

在解压后的文件中找到setup安装程序文件，双击该文件，即可进入软件安装界面，如图5-5所示。

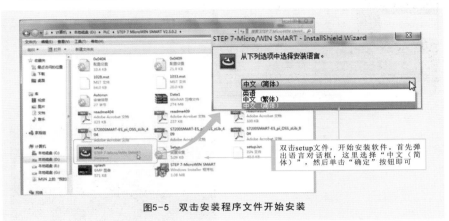

双击setup文件，开始安装软件。首先弹出语言对话框，这里选择"中文（简体）"，然后单击"确定"按钮即可

图5-5　双击安装程序文件开始安装

根据安装向导逐步操作，按照默认选项单击"下一步"按钮即可，如图5-6所示。

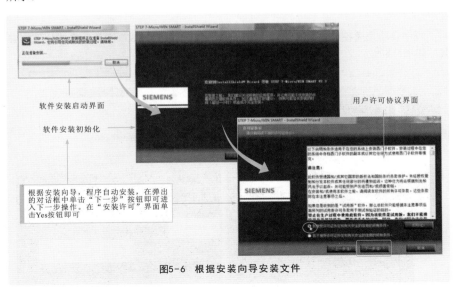

软件安装启动界面

软件安装初始化

用户许可协议界面

根据安装向导，程序自动安装，在弹出的对话框中单击"下一步"按钮即可进入下一步操作。在"安装许可"界面单击Yes按钮即可

图5-6　根据安装向导安装文件

接下来，进入安装路径设置界面，根据安装需要，选择程序安装路径。一般在没有特殊要求的情况下，选择默认路径即可，如图5-7所示。

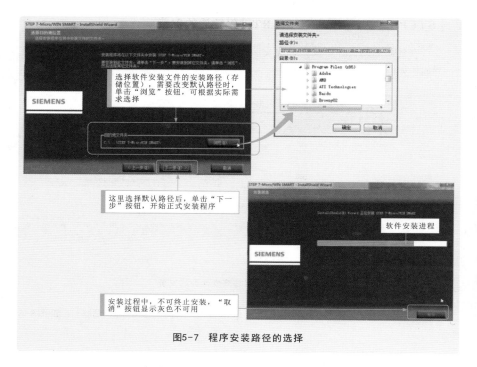

图5-7 程序安装路径的选择

　　程序自动完成各项数据的解码和初始化，最后单击"完成"按钮，完成软件的安装，如图5-8所示。

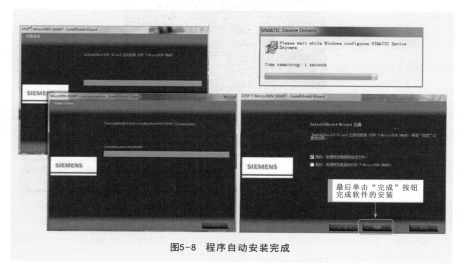

图5-8 程序自动安装完成

5.2.2 PLC的编程软件的使用操作

下面以西门子STEP 7-Micro/WIN SMART编程软件为例进行介绍。

1 编程软件的启动与运行

使用STEP 7-Micro/WIN SMART时，先将已安装好的编程软件启动运行。在软件安装完成后，双击桌面图标或执行"开始"→"所有程序"→STEP 7-MicroWIN SMART命令，打开软件，进入编程环境，如图5-9所示。

图5-9 软件的启动运行

打开STEP 7-Micro/WIN SMART编程软件后，即可看到该软件中的基本编程工具、工作界面等，如图5-10所示。

图5-10 STEP 7-Micro/WIN SMART编程软件的工作界面

2 建立编程设备（计算机）与PLC主机之间的硬件连接

使用STEP 7-Micro/WIN SMART编程软件编写程序时，首先将安装有STEP 7-Micro/WIN SMART编程软件的计算机设备与PLC主机之间实现硬件连接。

计算机设备与PLC主机之间的连接比较简单，借助普通网络线缆（以太网通信电缆）将计算机网络接口与S7-200 SMART PLC主机上的通信接口连接即可，如图5-11所示。

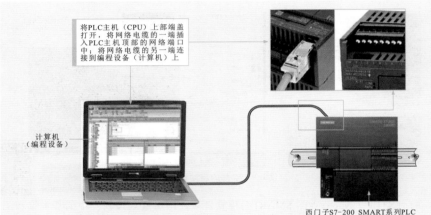

将PLC主机（CPU）上部端盖打开，将网络电缆的一端插入PLC主机顶部的网络端口中；将网络电缆的另一端连接到编程设备（计算机）上

计算机
（编程设备）

西门子S7-200 SMART系列PLC

图5-11　计算机设备与PLC主机之间的硬件连接

> ✎ 补充说明
>
> 在PLC主机（CPU）和编程设备之间建立通信时应注意：
> 　（1）单个PLC主机（CPU）不需要硬件配置。如果想要在同一个网络中安装多个CPU，则必须将默认IP地址更改为新的唯一的IP地址。
> 　（2）一对一通信不需要以太网交换机；网络中有两个以上的设备时需要以太网交换机。

3 建立STEP 7-Micro/WIN SMART编程软件与PLC主机之间的通信

建立STEP 7-Micro/WIN SMART编程软件与PLC主机之间的通信，首先在计算机中启动STEP 7-Micro/WIN SMART编程软件，在软件操作界面双击项目树下的"通信"图标（或单击导航栏中的"通信"按钮），如图5-12所示。

弹出"通信"对话框，如图5-13所示。"通信"对话框中提供了两种方法来选择所要访问的PLC主机（CPU）。

● 单击"查找CPU"按钮以使 STEP 7-Micro/WIN SMART 在本地网络中搜索CPU。在网络上找到的各个CPU的 IP 地址将在"找到CPU"中列出。

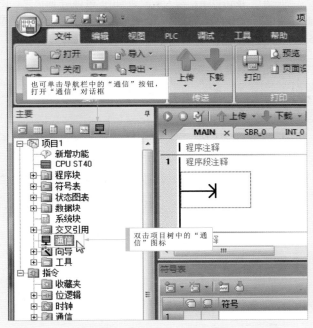

图5-12 找到"通信"图标

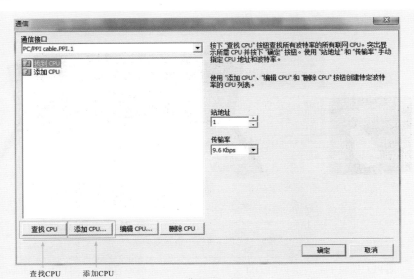

图5-13 "通信"对话框

● 单击"添加CPU"按钮以手动输入所要访问的CPU的访问信息（IP地址等）。通过此方法手动添加的各个CPU的IP地址将在"添加CPU"中列出并保留，如图5-14所示。

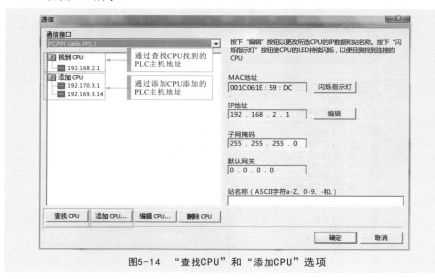

图5-14　"查找CPU"和"添加CPU"选项

在"通信"对话框中，可通过单击右侧的"编辑CPU"按钮调整IP地址，设置完成后，单击面板右侧的"闪烁指示灯"按钮，观察PLC模块中相应指示灯的状态来检测通信是否成功建立，如图5-15所示。

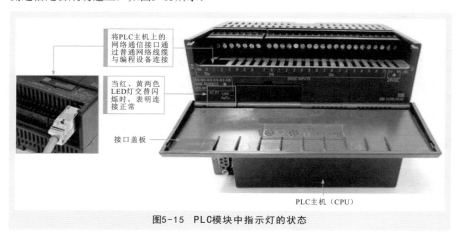

图5-15　PLC模块中指示灯的状态

若PLC模块中红、黄色LED灯交替闪烁，表明通信设置正常，STEP 7-Micro/WIN SMART编程软件已经与PLC建立连接。

接下来，在STEP 7-Micro/WIN SMART编程软件中对"系统块"进行设置，以便SMART能够编译产生正确的代码文件用于下载，如图5-16所示。

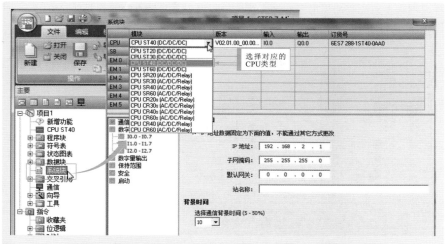

图5-16 STEP 7-Micro/WIN SMART编程软件中"系统块"选项的设置

正确地完成"系统块"选项的设置后，接下来可在STEP 7-Micro/WIN SMART编程软件中编写PLC程序，将程序编译下载到PLC模块中可实现调试运行。

4 在STEP 7-Micro/WIN SMART编程软件中编写梯形图程序

下面以图5-17所示梯形图的编写为例，介绍使用STEP 7-Micro/WIN SMART软件绘制梯形图的基本方法。

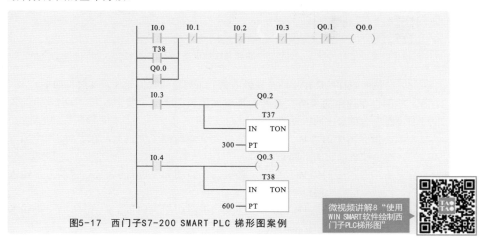

图5-17 西门子S7-200 SMART PLC 梯形图案例

微视频讲解8"使用WIN SMART软件绘制西门子PLC梯形图"

1 **绘制梯形图**

（1）放置编程元件符号，输入编程元件地址。在软件的编辑区域中添加编程元件，根据要求绘制的梯形图案例，首先绘制表示常开触点的编程元件"I0.0"，如图5-18所示。

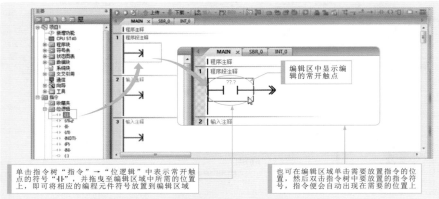

单击指令树"指令"→"位逻辑"中表示常开触点的符号"ꜜ⊢"，并拖曳至编辑区域中所需的位置上，即可将相应的编程元件符号放置到编辑区域

也可在编辑区域单击需要放置指令的位置，然后双击指令树中要放置的指令符号，指令便会自动出现在需要的位置上

图5-18　放置表示常开触点的编程元件I0.0符号

放好编程元件的符号后，单击编程元件符号上方的"??.?"，将光标定位在输入框内，即可输入该常开触点的地址"I0.0"，然后按键盘上的Enter键即可完成输入，如图5-19所示。

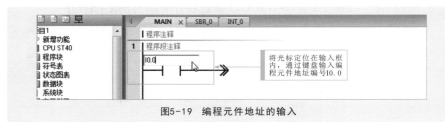

将光标定位在输入框内，通过键盘输入编程元件地址编号I0.0

图5-19　编程元件地址的输入

（2）可按照同样的操作步骤分别输入第一条程序的其他元件，其过程如下。

1）单击指令树中的"ꜜ⊢"指令，拖曳到编辑图相应位置上，在"??.?"中输入"I0.1"，然后按键盘上的Enter键。

2）单击指令树中的"ꜜ⊬"指令，拖曳到编辑图相应位置上，在"??.?"中输入"I0.2"，然后按键盘上的Enter键。

3）单击指令树中的"ꜜ⊬"指令，拖曳到编辑图相应位置上，在"??.?"中输入"I0.3"，然后按键盘上的Enter键。

4）单击指令树中的"ꜜ⊬"指令，拖曳到编辑图相应位置上，在"??.?"中输入"Q0.1"，然后按键盘上的Enter键。

5）单击指令树中的"{}"指令，拖曳到编辑图相应位置上，在"??.?"中输入"Q0.0"，然后按键盘上的Enter键，至此第一条程序输入完成。

根据梯形图案例，接下来需要输入常开触点"I0.0"的并联元件"T38"和"Q0.0"，如图5-20所示。

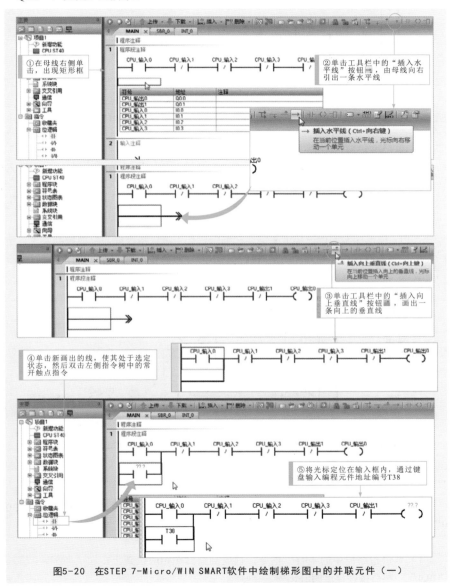

图5-20 在STEP 7-Micro/WIN SMART软件中绘制梯形图中的并联元件（一）

然后按照相同的操作方法并联常开触点Q0.0，如图5-21所示。

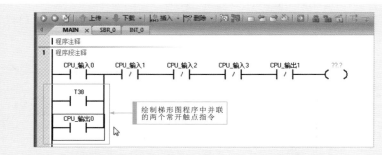

图5-21　在STEP 7-Micro/WIN SMART软件中绘制梯形图中的并联元件（二）

（3）绘制梯形图的第二条程序，其过程如下。

1）单击指令树中的"⊣⊢"指令，拖曳到编辑图相应位置上，在"??.?"中输入"I0.3"，然后按键盘上的Enter键。

2）单击指令树中的"⊣⟩"指令，拖曳到编辑图相应位置上，在"??.?"中输入"Q0.2"，然后按键盘上的Enter键。

在PLC梯形图案例中，接下来需要在编辑软件中放置指令框。根据控制要求，定时器应选择具有接通延时功能的定时器（TON），即需要在指令树中选择"定时器"→"TON"，并将其拖曳到编辑区中，如图5-22所示。

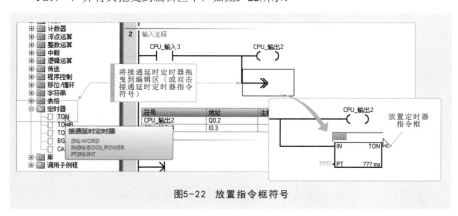

图5-22　放置指令框符号

在接通延时定时器（TON）符号的两个"????"中分别输入"T37"和"300"，完成定时器指令的输入，如图5-23所示。

（4）使用相同的方法绘制第三条梯形图。

1）单击指令树中的"⊣⊢"指令，拖曳到编辑图相应位置上，在"??.?"中输入"I0.4"，然后按键盘上的Enter键。

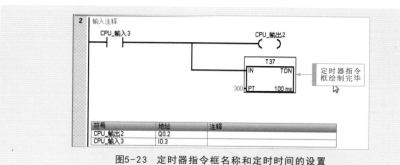

图5-23 定时器指令框名称和定时时间的设置

2）单击指令树中的"-()"指令，拖曳到编辑图相应位置上，在"??.?"中输入"Q0.3"，然后按键盘上的Enter键。

3）单击指令树中"定时器"→"TON"，拖曳到编辑区中，在两个"????"中分别输入"T38"和"600"，完成梯形图的绘制，如图5-24所示。

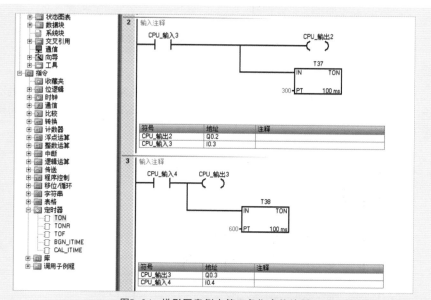

图5-24 梯形图案例中第三条指令的绘制

补充说明

在编写程序过程中，如需要对梯形图进行删除、插入等操作，可单击工具栏中的插入、删除等按钮进行相应的操作，或在需要调整的位置右击，即可显示"插入"→"列"或"行"、删除行、删除列等操作选项，选择相应的选项即可，如图5-25所示。

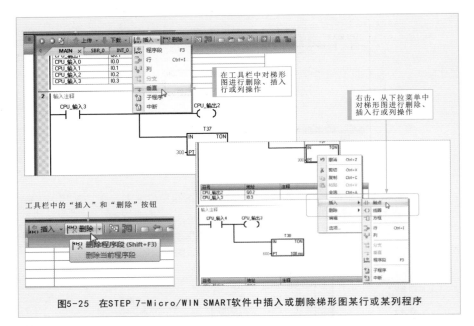

图5-25　在STEP 7-Micro/WIN SMART软件中插入或删除梯形图某行或某列程序

❷　编辑符号表

　　编辑符号表可将元件地址用具有实际意义的符号代替，实现对程序相关信息的标注，如图5-26所示，有利于进行梯形图的识读。特别是一些较复杂和庞大的梯形图程序，相关的标注信息更加重要。

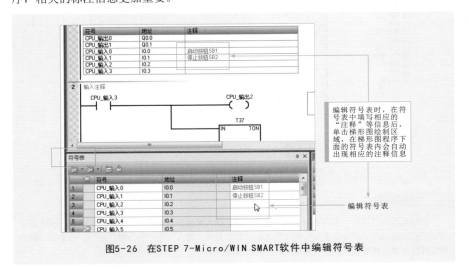

图5-26　在STEP 7-Micro/WIN SMART软件中编辑符号表

5 保存项目

根据梯形图示例，输入三个指令程序段后，即已完成程序的输入。程序保存后，即创建了一个含CPU类型和其他参数的项目。

要以指定的文件名在指定的位置保存项目，如图5-27所示，即在"文件"菜单功能区的操作区域中单击"保存"按钮下的向下箭头以显示"另存为"按钮。单击"另存为"按钮，在"另存为"对话框中输入项目名称，浏览到想要保存项目的位置，单击"保存"按钮保存项目。保存项目后，可以下载程序到PLC主机（CPU）中。

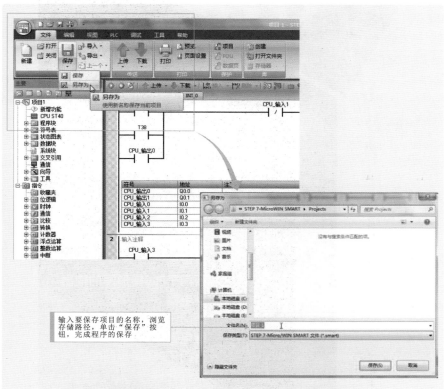

输入要保存项目的名称，浏览存储路径，单击"保存"按钮，完成程序的保存

图5-27　在STEP 7-Micro/WIN SMART软件中存储梯形图程序

6

本章系统介绍西门子PLC梯形图。

● 西门子PLC梯形图的结构
◇ 西门子PLC梯形图的母线
◇ 西门子PLC梯形图的触点
◇ 西门子PLC梯形图的线圈
◇ 西门子PLC梯形图的
　指令框
● 西门子PLC梯形图的编程
　元件
◇ 西门子PLC梯形图的输入
　继电器
◇ 西门子PLC梯形图的输出
　继电器
◇ 西门子PLC梯形图的辅助
　继电器
◇ 西门子PLC梯形图的其他
　编程元件

第6章
西门子PLC梯形图

6.1 西门子PLC梯形图的结构

图6-1所示为西门子PLC梯形图的特点。在PLC梯形图中，特定的符号和文字标识标注了控制线路各电气部件及其工作状态。整个控制过程由多个梯级来描述，也就是说，每一个梯级通过能流线上连接的图形、符号或文字标识反映了控制过程中的一个控制关系。

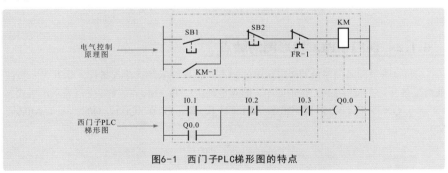

图6-1 西门子PLC梯形图的特点

图6-2所示为西门子PLC梯形图的结构。西门子PLC梯形图主要由母线、触点、线圈、指令框构成。

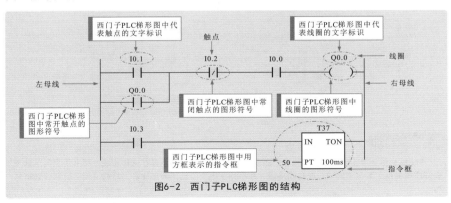

图6-2 西门子PLC梯形图的结构

89

6.1.1 | 西门子PLC梯形图的母线

图6-3所示为西门子PLC梯形图母线的含义及特点。在进行西门子PLC梯形图编程时，习惯性地只画出左母线，省略右母线，但其所表达梯形图程序中的能流仍是由左母线经程序中触点、线圈等至右母线的。

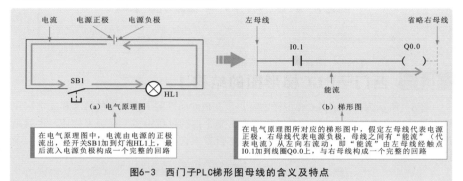

图6-3 西门子PLC梯形图母线的含义及特点

6.1.2 | 西门子PLC梯形图的触点

图6-4所示为西门子PLC梯形图中的触点。触点表示逻辑输入条件，如开关、按钮或内部条件。在西门子PLC梯形图中，触点地址用I、Q、M、T、C等字母表示，格式为I×.×、Q×.×等，如常见的I0.0、I0.1、I1.1、…，Q0.0、Q0.1、Q0.2、…，M0.0、M0.1、…。

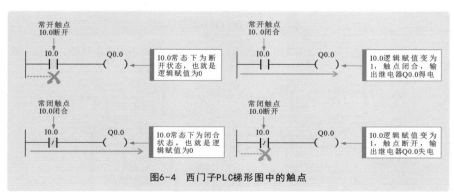

图6-4 西门子PLC梯形图中的触点

> 📖 补充说明
>
> PLC梯形图上的连线代表各"触点"的逻辑关系，在PLC内部不存在这种连线，而采用逻辑运算来表征逻辑关系。某些"触点"或支路接通，并不存在电流流动，而是代表支路的逻辑运算取值或结果为1。

6.1.3 | 西门子PLC梯形图的线圈

图6-5所示为西门子PLC梯形图线圈的含义及特点。线圈通常表示逻辑输出结果。西门子PLC梯形图中的线圈种类有很多，如输出继电器线圈、辅助继电器线圈等，线圈的得电、失电情况与线圈的逻辑赋值有关。

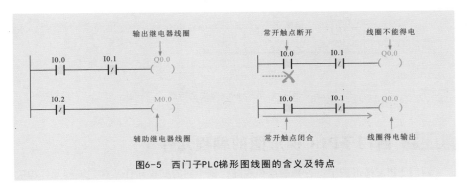

图6-5 西门子PLC梯形图线圈的含义及特点

补充说明

在西门子PLC梯形图中，表示触点和线圈名称的文字标识（字母+数字）信息一般均写在图形符号的正上方。图6-6所示为西门子PLC梯形图中触点和线圈文字（地址）标识方法，用以表示该触点所分配的编程地址编号，且习惯性将数字编号起始数设为0.0，如I0.0、Q0.0、M0.0等，然后依次以0.1间隔递增，以8位为一组，如I0.0、I0.1、…、I0.7；I1.0、I1.1、…、I1.7；I2.0、I2.1、…、I2.7；Q0.0、Q0.1、…、Q0.7；Q1.0、Q1.1、…、Q1.7。

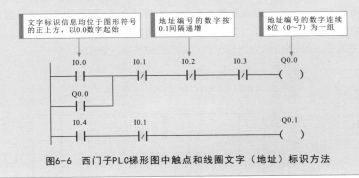

图6-6 西门子PLC梯形图中触点和线圈文字（地址）标识方法

6.1.4 | 西门子PLC梯形图的指令框

在西门子PLC梯形图中，除上述的母线、触点、线圈等基本组成元素外，还通常使用一些指令框（也称为功能块）来表示定时器、计数器或数学运算、逻辑运算等附加指令。图6-7所示为指令框的含义及特点。

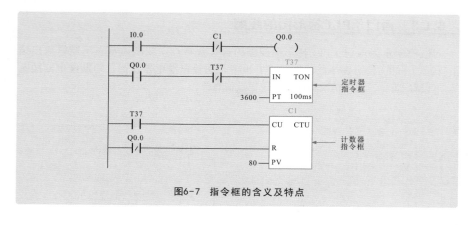

图6-7　指令框的含义及特点

6.2　西门子PLC梯形图的编程元件

西门子PLC梯形图中，各种触点和线圈代表不同的编程元件，这些编程元件构成了PLC输入/输出端子所对应的存储区，以及内部的存储单元、寄存器等。

根据编程元件的功能，其主要有输入继电器、输出继电器、辅助继电器、定时器、计数器、变量存储器、局部变量存储器、顺序控制继电器等，但它们都不是真实的物理继电器，而是一些存储单元（或称为缓冲区、软继电器等）。

6.2.1　西门子PLC梯形图的输入继电器

输入继电器又称为输入过程映像寄存器。在西门子PLC梯形图中，输入继电器用"字母I+数字"进行标识，每一个输入继电器均与PLC的一个输入端子对应，用于接收外部开关信号。图6-8所示为西门子PLC梯形图中的输入继电器。

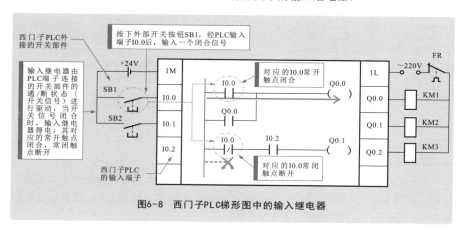

图6-8　西门子PLC梯形图中的输入继电器

表6-1所示为西门子S7-200 SMART系列PLC中，一些常用型号PLC的输入继电器地址。

表6-1 一些常用型号PLC的输入继电器地址

PLC型号	地 址
SR20 （12入/8出）	I0.0、I0.1、I0.2、I0.3、I0.4、I0.5、I0.6、I0.7 I1.0、I1.1、I1.2、I1.3
SR30 （18入/12出）	I0.0、I0.1、I0.2、I0.3、I0.4、I0.5、I0.6、I0.7 I1.0、I1.1、I1.2、I1.3、I1.4、I1.5、I1.6、I1.7 I2.0、I2.1
SR40 （24入/16出）	I0.0、I0.1、I0.2、I0.3、I0.4、I0.5、I0.6、I0.7 I1.0、I1.1、I1.2、I1.3、I1.4、I1.5、I1.6、I1.7 I2.0、I2.1、I2.2、I2.3、I2.4、I2.5、I2.6、I2.7
SR60 （36入/24出）	I0.0、I0.1、I0.2、I0.3、I0.4、I0.5、I0.6、I0.7 I1.0、I1.1、I1.2、I1.3、I1.4、I1.5、I1.6、I1.7 I2.0、I2.1、I2.2、I2.3、I2.4、I2.5、I2.6、I2.7 I3.0、I3.1、I3.2、I3.3、I3.4、I3.5、I3.6、I3.7 I4.0、I4.1、I4.2、I4.3
ST20 （12入/8出）	I0.0、I0.1、I0.2、I0.3、I0.4、I0.5、I0.6、I0.7 I1.0、I1.1、I1.2、I1.3
ST30 （18入/12出）	I0.0、I0.1、I0.2、I0.3、I0.4、I0.5、I0.6、I0.7 I1.0、I1.1、I1.2、I1.3、I1.4、I1.5、I1.6、I1.7 I2.0、I2.1
ST40 （24入/16出）	I0.0、I0.1、I0.2、I0.3、I0.4、I0.5、I0.6、I0.7 I1.0、I1.1、I1.2、I1.3、I1.4、I1.5、I1.6、I1.7 I2.0、I2.1、I2.2、I2.3、I2.4、I2.5、I2.6、I2.7
ST60 （36入/24出）	I0.0、I0.1、I0.2、I0.3、I0.4、I0.5、I0.6、I0.7 I1.0、I1.1、I1.2、I1.3、I1.4、I1.5、I1.6、I1.7 I2.0、I2.1、I2.2、I2.3、I2.4、I2.5、I2.6、I2.7 I3.0、I3.1、I3.2、I3.3、I3.4、I3.5、I3.6、I3.7 I4.0、I4.1、I4.2、I4.3
CR40 （24入/16出）	I0.0、I0.1、I0.2、I0.3、I0.4、I0.5、I0.6、I0.7 I1.0、I1.1、I1.2、I1.3、I1.4、I1.5、I1.6、I1.7 I2.0、I2.1、I2.2、I2.3、I2.4、I2.5、I2.6、I2.7
CR60 （36入/24出）	I0.0、I0.1、I0.2、I0.3、I0.4、I0.5、I0.6、I0.7 I1.0、I1.1、I1.2、I1.3、I1.4、I1.5、I1.6、I1.7 I2.0、I2.1、I2.2、I2.3、I2.4、I2.5、I2.6、I2.7 I3.0、I3.1、I3.2、I3.3、I3.4、I3.5、I3.6、I3.7 I4.0、I4.1、I4.2、I4.3

6.2.2 | 西门子PLC梯形图的输出继电器

输出继电器又称为输出过程映像寄存器。西门子PLC梯形图中的输出继电器用"字母Q+数字"进行标识，每一个输出继电器均与PLC的一个输出端子对应，用于控制PLC外接的负载。图6-9所示为西门子PLC梯形图中的输出继电器。

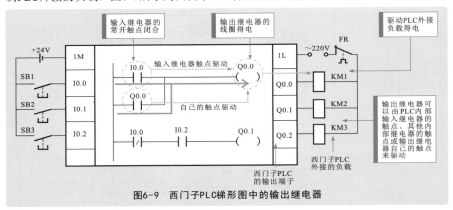

图6-9　西门子PLC梯形图中的输出继电器

表6-2所示为西门子S7-200 SMART系列PLC中，一些常用型号PLC的输出继电器地址。

表6-2　一些常用型号PLC的输出继电器地址

PLC型号	地　址
SR20 （12入/8出）	Q0.0、Q0.1、Q0.2、Q0.3、Q0.4、Q0.5、Q0.6、Q0.7
SR30 （18入/12出）	Q0.0、Q0.1、Q0.2、Q0.3、Q0.4、Q0.5、Q0.6、Q0.7 Q1.0、Q1.1、Q1.2、Q1.3
SR40 （24入/16出）	Q0.0、Q0.1、Q0.2、Q0.3、Q0.4、Q0.5、Q0.6、Q0.7 Q1.0、Q1.1、Q1.2、Q1.3、Q1.4、Q1.5、Q1.6、Q1.7
SR60 （36入/24出）	Q0.0、Q0.1、Q0.2、Q0.3、Q0.4、Q0.5、Q0.6、Q0.7 Q1.0、Q1.1、Q1.2、Q1.3、Q1.4、Q1.5、Q1.6、Q1.7 Q2.0、Q2.1、Q2.2、Q2.3、Q2.4、Q2.5、Q2.6、Q2.7
ST20 （12入/8出）	Q0.0、Q0.1、Q0.2、Q0.3、Q0.4、Q0.5、Q0.6、Q0.7
ST30 （18入/12出）	Q0.0、Q0.1、Q0.2、Q0.3、Q0.4、Q0.5、Q0.6、Q0.7 Q1.0、Q1.1、Q1.2、Q1.3
ST40 （24入/16出）	Q0.0、Q0.1、Q0.2、Q0.3、Q0.4、Q0.5、Q0.6、Q0.7 Q1.0、Q1.1、Q1.2、Q1.3、Q1.4、Q1.5、Q1.6、Q1.7
ST60 （36入/24出）	Q0.0、Q0.1、Q0.2、Q0.3、Q0.4、Q0.5、Q0.6、Q0.7 Q1.0、Q1.1、Q1.2、Q1.3、Q1.4、Q1.5、Q1.6、Q1.7 Q2.0、Q2.1、Q2.2、Q2.3、Q2.4、Q2.5、Q2.6、Q2.7

续表

PLC型号	地 址
CR40 （24入/16出）	Q0.0、Q0.1、Q0.2、Q0.3、Q0.4、Q0.5、Q0.6、Q0.7 Q1.0、Q1.1、Q1.2、Q1.3、Q1.4、Q1.5、Q1.6、Q1.7
CR60 （36入/24出）	Q0.0、Q0.1、Q0.2、Q0.3、Q0.4、Q0.5、Q0.6、Q0.7 Q1.0、Q1.1、Q1.2、Q1.3、Q1.4、Q1.5、Q1.6、Q1.7 Q2.0、Q2.1、Q2.2、Q2.3、Q2.4、Q2.5、Q2.6、Q2.7

6.2.3 西门子PLC梯形图的辅助继电器

在西门子PLC梯形图中，辅助继电器有两种：一种为通用辅助继电器；另一种为特殊标志位辅助继电器。

1 通用辅助继电器

通用辅助继电器也称为内部标志位存储器，如同传统继电器控制系统中的中间继电器，用于存放中间操作状态，或存储其他相关数字，用"字母M+数字"进行标识。图6-10所示为西门子PLC梯形图中的通用辅助继电器。

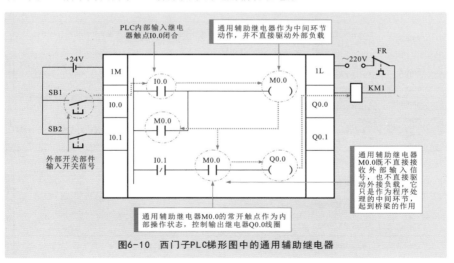

图6-10 西门子PLC梯形图中的通用辅助继电器

2 特殊标志位辅助继电器

特殊标志位辅助继电器用"字母SM+数字"标识。图6-11所示为西门子PLC梯形图中的特殊标志位辅助继电器。

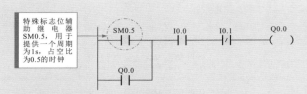

图6-11　西门子PLC梯形图中的特殊标志位辅助继电器

常用的特殊标志位辅助继电器SM的功能见表6-3。

表6-3　常用的特殊标志位辅助继电器SM的功能

SM地址	功　能
SM0.0	该位始终接通（设置为1）
SM0.1	该位在第一个扫描周期接通，然后断开。该位的一个用途是调用初始化子例程
SM0.2	在以下操作后，该位会接通一个扫描周期： 重置为出厂通信命令。 重置为出厂存储卡评估。 评估程序传送卡（在此评估过程中，会从程序传送卡中加载新系统块）。 NAND闪存上保留的记录出现问题。 该位可用作错误存储器位或用作调用特殊启动顺序的机制
SM0.3	从上电或启动条件进入RUN模式时，该位接通一个扫描周期。该位可用于在开始操作之前给PLC提供预热时间
SM0.5	该位提供时钟脉冲，脉冲周期为1s，OFF（断开）0.5s，ON（接通）0.5s。该位可简单轻松地实现延时或1s时钟脉冲
SM0.6	该位是扫描周期时钟，接通一个扫描周期，断开一个扫描周期，在后续扫描中交替接通和断开。该位可用作扫描计数器输入
SM0.7	如果实时时钟设备的时间被重置或在上电时丢失（导致系统时间丢失），则该位将接通一个扫描周期。该位可用作错误存储器位或用作调用特殊启动顺序的机制
SM1.0	执行某些指令时，如果运算结果为零，该位将接通
SM1.1	执行某些指令时，如果结果溢出或检测到非法数字值，该位将接通
SM1.2	数学运算得到负结果时，该位接通
SM1.3	尝试除以零时，该位接通
SM1.4	执行添表（ATT）指令时，如果参考数据表已满，该位将接通
SM1.5	LIFO或FIFO指令尝试从空表读取时，该位接通
SM1.6	将BCD值转换为二进制值期间，如果值非法（非BCD），该位将接通
SM1.7	将ASCII码转换为十六进制（ATH）值期间，如果值非法（非十六进制ASCII数），该位将接通

续表

SM地址	功　能
SM2.0	该字节包含在自由端口通信过程中从端口0或端口1接收的各字符
SM3.0	该位指示端口0或端口1收到奇偶校验、帧、中断或超限错误（0＝无错误；1＝有错误）
**SM4.0	1＝通信中断队列已溢出
**SM4.1	1＝输入中断队列已溢出
**SM4.2	1＝定时中断队列已溢出
SM4.3	1＝检测到运行时间编程非致命错误
SM4.4	1＝中断已启用
SM4.5	1＝端口0发送器空闲（0＝正在传输）
SM4.6	1＝端口1发送器空闲（0＝正在传输）
SM4.7	1＝存储器位置被强制
SM5.0	如果存在任何I/O错误，该位将接通

6.2.4 西门子PLC梯形图的其他编程元件

1 定时器

在西门子PLC梯形图中，定时器是一个非常重要的编程元件，图形符号用指令框形式表示；文字标识用"字母T+数字"表示，其中，数字范围为0～255，共256个。

在西门子S7-200 SMART系列PLC中，定时器分为接通延时定时器（TON）、记忆接通延时定时器（TONR）、断开延时定时器（TOF）、捕获开始时间间隔（BGN-ITIME）、捕获间隔时间（CAL-ITIME），具体含义将在第8章定时器指令中具体介绍。

2 计数器

在西门子PLC梯形图中，计数器的结构和使用与定时器基本相似，也用指令框形式标识，用来累计输入脉冲的次数，经常用来对产品进行计数。用"字母C+数字"进行标识，数字范围为0～255，共256个。

在西门子S7-200 SMART系列PLC中，计数器常用类型主要有加计数器（CTU）、减计数器（CTD）和加/减计数器（CTUD），一般情况下，计数器与定时器配合使用。具体含义将在第8章计数器指令中具体介绍。

3 其他编程元件

在西门子PLC梯形图中，除上述五种常用编程元件外，还包含一些其他基本编程元件，如变量存储器（V）、局部变量存储器（L）、顺序控制继电器（S）、模拟量输入/输出映像寄存器（AI/AQ）、高速计数器（HC）、累加器（AC）。这些编程元件的具体用法和含义将在后面的相应指令中具体介绍。

7

本章系统介绍西门子PLC语句表。

● 西门子PLC语句表的
   结构
◇ 西门子PLC的操作码
◇ 西门子PLC的操作数
● 西门子PLC语句表的
   特点
◇ 西门子PLC梯形图与
   语句表的关系
◇ 西门子PLC语句表的
   编写特点

第7章
西门子PLC语句表

7.1 西门子PLC语句表的结构

西门子PLC语句表也是电气技术人员普遍采用的编程方式，这种编程方式适用于需要使用编程器进行工业现场调试和编程的场合。图7-1所示为西门子PLC语句表的结构。在西门子PLC中，语句表主要由操作码和操作数构成。

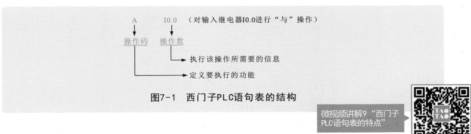

图7-1 西门子PLC语句表的结构

微视频讲解9 "西门子PLC语句表的特点"

7.1.1 西门子PLC的操作码

操作码又称为编程指令，由各种指令助记符（指令的字母标识）表示，用于表明PLC要完成的操作功能。图7-2所示为西门子PLC中的操作码。

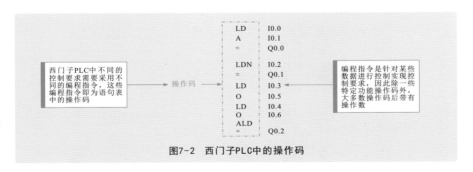

图7-2 西门子PLC中的操作码

西门子PLC的编程指令主要包括基本逻辑指令、运算指令、程序控制指令、数据处理指令、数据转换指令和其他常用功能指令等。

7.1.2 西门子PLC的操作数

操作数用于标识执行操作的地址编码，即表明执行此操作的数据是什么，用于指示PLC操作数据的地址，相当于梯形图中软继电器的文字标识。

不同厂家生产的PLC其语句表使用的操作数也有所差异。表7-1为西门子S7-200 SMART系列PLC中常用的操作数。

表7-1 西门子S7-200 SMART系列PLC中常用的操作数

名 称	操作数
输入继电器	I
输出继电器	Q
定时器	T
计数器	C
通用辅助继电器	M
特殊标志位辅助继电器	SM
变量存储器	V
顺序控制继电器	S

7.2 西门子PLC语句表的特点

7.2.1 西门子PLC梯形图与语句表的关系

针对PLC梯形图的直观形象的图示化特色，PLC语句表正好相反，它的编程最终以“文本”的形式体现，对于控制过程全部依托指令语句表来表达。仅仅是各种表示指令的字母以及操作码字母与数字的组合，如果不了解指令的含义以及该语言的一些语法规则，几乎无法了解到程序所表达的任何内容和信息，也因此使一些初学者在学习和掌握该语言编程时有一定的难度。

图7-3所示为西门子PLC梯形图和语句表的形式。

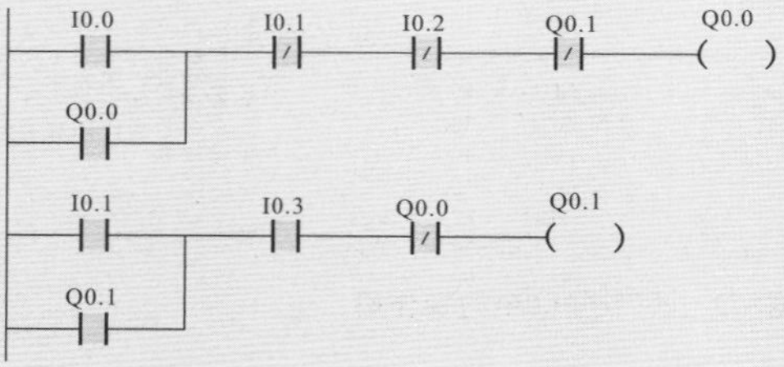

(a) 梯形图

```
LD    I0.0
O     Q0.0
AN    I0.1
AN    I0.2
AN    Q0.1
=     Q0.0
LD    I0.1
O     Q0.1
A     I0.3
AN    Q0.0
=     Q0.1
```

(b) 语句表

图7-3 西门子PLC梯形图和语句表的形式

图7-4所示为PLC梯形图和语句表的对应关系。PLC梯形图中的每一条程序都与语句表中若干条语句相对应，且每条程序中的每一个触点、线圈都与PLC语句表中的操作码和操作数相对应。除此之外，梯形图中的重要分支点，如并联电路块串联、串联电路块并联、进栈、读栈、出栈触点处等，在语句表中也会通过相应指令指示出来。

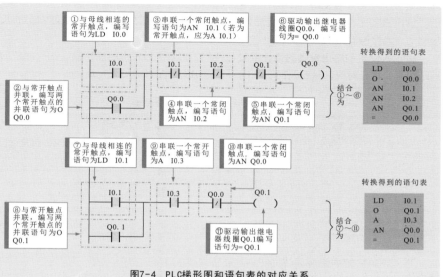

图7-4 PLC梯形图和语句表的对应关系

补充说明

大部分编程软件中都能够实现梯形图和语句表的自动转换，因此可在编程软件中绘制好梯形图，然后通过软件进行"梯形图/语句表"的转换。图7-5所示为使用编程软件转换梯形图和语句表的方式。

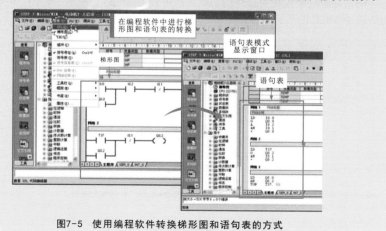

图7-5 使用编程软件转换梯形图和语句表的方式

7.2.2 西门子PLC语句表的编写特点

以电动机反接制动控制程序为例。在编写语句程序时，根据控制要求可知，输入设备主要包括4个控制信号的输入，即启动按钮SB1、制动按钮SB2、热继电器触点FR和速度继电器触点KS。因此，应有4个输入信号。

输出设备主要包括2个交流接触器，即控制电动机M的启动交流接触器KM1和反接制动交流接触器KM2，因此，应有2个输出信号。

将输入设备和输出设备的元件编号与西门子PLC语句表中的操作数（编程元件的地址编号）进行对应，填写西门子PLC语句表的I/O分配表，见表7-2。

表7-2　西门子PLC语句表的I/O分配表

输入设备及地址编号			输出设备及地址编号		
名　称	代号	输入点地址编号	名　称	代号	输出点地址编号
启动按钮	SB1	I0.0	启动交流接触器	KM1	Q0.0
制动按钮	SB2	I0.1	反接制动交流接触器	KM2	Q0.1
热继电器触点	FR	I0.2			
速度继电器触点	KS	I0.3			

除了根据控制要求划分功能模块并分配I/O表外，还可根据功能分析确定两个功能模块中器件的初始状态。类似PLC梯形图的I/O分配表，相当于为程序中的编程元件"赋值"，以此来确定使用什么编程指令。例如，原始状态为常开触点，其读指令为LD，串并联关系指令为A、O；原始状态为常闭触点，其相关指令为读反指令LDN，串并联关系指令为AN、ON等。

确定两个功能模块中器件的初始状态，为编程元件"赋值"，图7-6所示为分析功能模块中器件的初始状态。

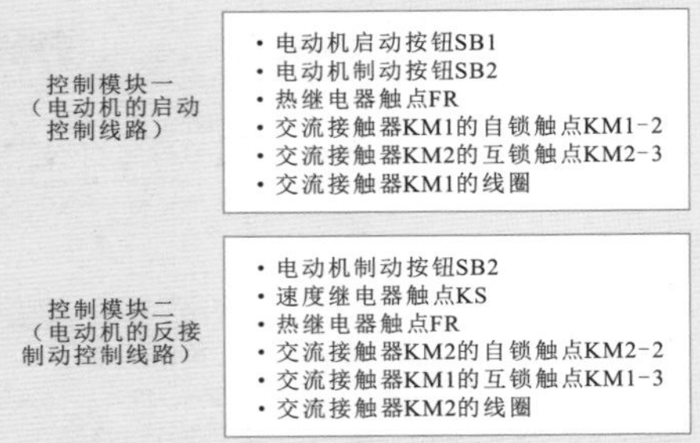

图7-6　分析功能模块中器件的初始状态

各功能部件对应编程元件的"赋值"见表7-3。

表7-3　各功能部件对应编程元件的"赋值"

功能部件	地址分配	初始状态
启动按钮SB1	I0.0	常开触点
制动按钮（复合按钮）SB2-1	I0.1	常闭触点
热继电器触点FR	I0.2	常闭触点
KM1的自锁触点KM1-2	Q0.0	常开触点
KM1的互锁触点KM1-3	Q0.0	常闭触点
KM1的线圈	Q0.0	输出继电器
制动按钮（复合按钮）SB2-2	I0.1	常开触点
速度继电器触点KS	I0.3	常开触点
KM2的自锁触点KM2-2	Q0.1	常开触点
KM2的互锁触点KM2-3	Q0.1	常闭触点
KM2的线圈	Q0.1	输出继电器

电动机反接制动控制模块划分和I/O分配表分配完成后，根据上述分析分别编写电动机启动控制和反接制动控制两个模块的语句表。

1 电动机启动控制模块语句表的编程

图7-7所示为电动机启动控制模块语句表的编程。

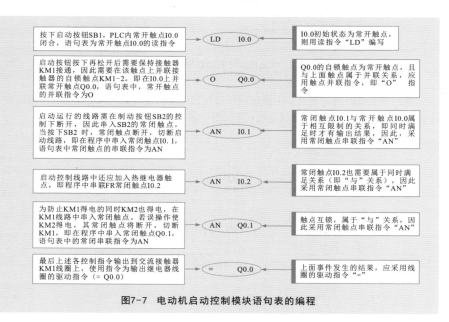

图7-7　电动机启动控制模块语句表的编程

控制要求：按下启动按钮SB1，控制交流接触器KM1得电，电动机M启动运转，且当松开启动按钮SB1后，仍保持连续运转；按下制动按钮SB2，交流接触器KM1失电，电动机失电；交流接触器KM1、KM2不能同时得电。

2 电动机反接制动控制模块语句表的编程

控制要求：按下制动按钮SB2，交流接触器KM2得电，KM1失电，且当松开制动按钮SB2后，仍保持KM2得电；且要求电动机速度达到一定转速后，才可能实现反接制动控制；另外，交流接触器KM1、KM2不能同时得电。图7-8所示为电动机反接制动模块语句表的编程。

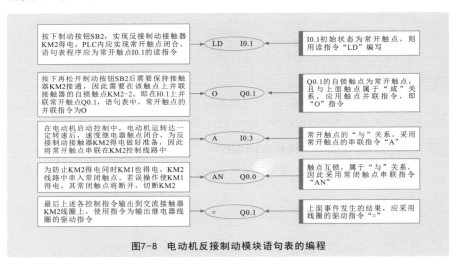

图7-8 电动机反接制动模块语句表的编程

将两个模块的语句表组合，整理后即可得到电动机反接制动PLC控制的语句表程序。图7-9所示为电动机反接制动PLC控制语句表程序。

```
LD    I0.0    //如果按下启动按钮SB1
O     Q0.0    //启动运行自锁
AN    I0.1    //并且制动按钮SB2未动作
AN    I0.2    //并且电动机未过热，热继电器FR未动作
AN    Q0.1    //并且反接制动接触器KM2未接通
=     Q0.0    //电动机接触器KM1得电，电动机启动运转

LD    I0.1    //如果按下反接制动按钮SB2
O     Q0.1    //启动反接制动自锁
A     I0.3    //并且速度继电器已动作（启动运行中控制）
AN    Q0.0    //并且接触器KM1未接通
=     Q0.1    //电动机接触器KM2得电，电动机反接制动
```

图7-9 电动机反接制动PLC控制语句表程序

8

本章系统介绍西门子PLC
编程。

- 西门子PLC的位逻辑指令
- 西门子PLC的定时器指令
- 西门子PLC的计数器指令
- 西门子PLC的比较指令
- 西门子PLC的运算指令
- 西门子PLC的逻辑运算
  指令
- 西门子PLC的程序控制
  指令
- 西门子PLC的传送指令
- 西门子PLC的移位/循环
  指令
- 西门子PLC的数据转换
  指令
- 西门子PLC的通信指令

第8章
西门子PLC编程

8.1 西门子PLC的位逻辑指令

以西门子S7-200 SMART PLC为例，位逻辑指令可分为触点指令、线圈指令、置位指令和复位指令、立即指令和空操作指令。

8.1.1 西门子PLC的触点指令

触点指令包括常开触点指令、常闭触点指令、常开立即触点指令、常闭立即触点指令、上升沿触点指令、下降沿触点指令等。

1 常开触点指令和常闭触点指令

常开触点指令和常闭触点指令称为标准输入指令。图8-1所示为常开触点和常闭触点指令标识及对应梯形图符号。

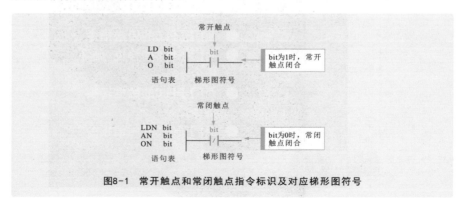

图8-1　常开触点和常闭触点指令标识及对应梯形图符号

補充说明

在梯形图中，常开开关和常闭开关通过触点符号表示。当常开触点位值为1（即图中bit为1）时，梯形图中常开触点闭合；当常闭触点位值为0（即图中bit为0）时，梯形图中常闭触点闭合。

106

2 常开立即触点指令和常闭立即触点指令

立即指令读取物理输入值，但不更新过程映像寄存器。立即触点不会等待 PLC 扫描周期进行更新，而是会立即更新。图8-2所示为常开立即触点指令和常闭立即触点指令标识及对应梯形图符号。

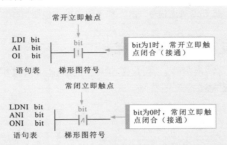

图8-2 常开立即触点指令和常闭立即触点指令标识及对应梯形图符号

补充说明

　　常开立即触点通过LDI（立即装载）、AI（立即与）和 OI（立即或）指令进行表示。这些指令使用逻辑堆栈顶部的值对物理输入值执行立即装载、"与"运算或者"或"运算。

　　常闭立即触点通过LDNI（取反后立即装载）、ANI（取反后立即与）和ONI（取反后立即或）指令进行表示。这些指令使用逻辑堆栈顶部的值对物理输入值的逻辑非运算值执行立即装载、"与"运算或者"或"运算。

3 上升沿触点指令和下降沿触点指令

图8-3所示为上升沿触点指令（EU）和下降沿触点指令（ED）标识及对应梯形图符号。

图8-3 上升沿触点指令（EU）和下降沿触点指令（ED）标识及对应梯形图符号

图8-4所示为上升沿触点指令（EU）和下降沿触点指令（ED）示例。

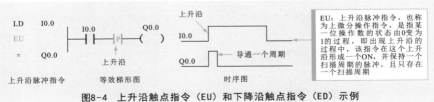

图8-4 上升沿触点指令（EU）和下降沿触点指令（ED）示例

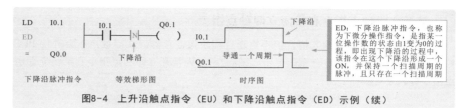

图8-4 上升沿触点指令（EU）和下降沿触点指令（ED）示例（续）

8.1.2 西门子PLC的线圈指令

线圈指令也称为输出指令，用于将输出位的新值写入过程映像寄存器。图8-5所示为线圈指令标识及对应梯形图符号。

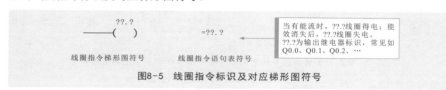

图8-5 线圈指令标识及对应梯形图符号

图8-6所示为线圈指令的应用示例。

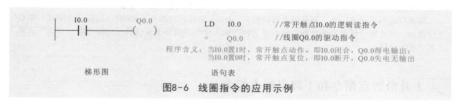

图8-6 线圈指令的应用示例

8.1.3 西门子PLC的置位指令和复位指令

置位指令和复位指令包括S（set）置位指令和R（reset）复位指令。置位指令和复位指令可以将位存储区中从某一位（bit）开始的一个或多个（N）同类存储器置1或置0。如果复位指令指定定时器位（T地址）或计数器位（C地址），则该指令将对定时器位或计数器位进行复位并清零定时器或计数器的当前值。

图8-7所示为置位指令和复位指令标识及对应梯形图符号。

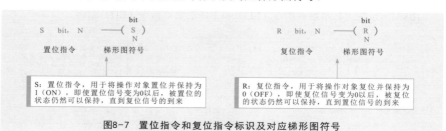

图8-7 置位指令和复位指令标识及对应梯形图符号

图8-8所示为置位指令和复位指令应用示例。

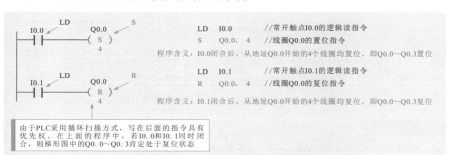

图8-8 置位指令和复位指令应用示例

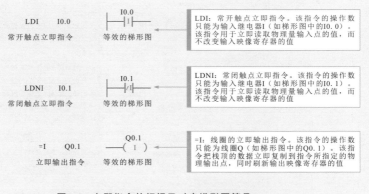

补充说明

在使用置位指令和复位指令时需注意:
(1)置位指令和复位指令将从指定地址开始的N个点置位或者复位。
(2)可以一次置位或者复位1~255个点。
(3)当操作数被置1后,必须通过复位指令清0。
(4)对定时器或计数器复位,则定时器(C)或计数器(T)当前值被清0。
(5)置位指令和复位指令可以互换次序使用。由于PLC采用循环扫描的工作方式,当同时满足置位指令和复位指令条件时,当前状态为写在靠后的指令状态。
(6)置位指令和复位指令中位的数量(N)一般为常数。

8.1.4 西门子PLC的立即指令

西门子S7-200 SMART PLC可通过立即指令加快系统的响应速度,常用的立即指令主要有触点立即指令(LDI、LDNI)、立即输出指令(=I)和立即复位/置位指令(SI、RI)。图8-9所示为立即指令的标识及对应梯形图符号。

图8-9 立即指令的标识及对应梯形图符号

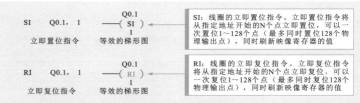

图8-9 立即指令的标识及对应梯形图符号（续）

触点的立即存取指令除前述的几种基本立即指令外，还包括立即与（AI）、立即与反（ANI）、立即或（OI）、立即或反（ONI）四个指令。图8-10所示为触点的立即存取指令。

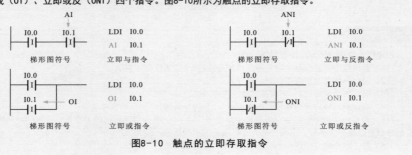

图8-10 触点的立即存取指令

图8-11所示为立即指令的应用示例。

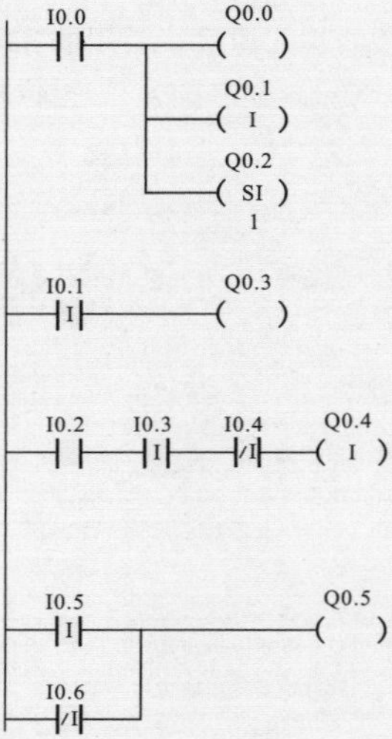

梯形图	语句表	说明
I0.0 ─┤├─ Q0.0 ( ) / Q0.1 (I) / Q0.2 (SI) 1	LD I0.0 = Q0.0 =I Q0.1 SI Q0.2, 1	//常开触点I0.0的逻辑读指令 //线圈Q0.0的输出指令 //线圈Q0.1的立即输出指令 //线圈Q0.2的立即置位指令

程序含义：I0.0闭合后，Q0.0得电，Q0.1立即得电，Q0.2立即置位

| I0.1 ─┤├─ Q0.3 ( ) | LDI I0.1 = Q0.3 | //常闭触点I0.1的逻辑读指令 //线圈Q0.3的输出指令 |

程序含义：I0.1立即读取物理量数值，Q0.3得电输出

| I0.2 I0.3 I0.4 Q0.4 ─┤├──┤├──┤/├─(I) | LD I0.2 AI I0.3 ANI I0.4 =I Q0.4 | //常开触点I0.2的逻辑读指令 //常开触点I0.3的立即与指令 //常闭触点I0.4的立即与反指令 //线圈Q0.4的立即输出指令 |

程序含义：常开触点I0.2读取物理量数值闭合，且I0.3立即闭合、I0.4立即取反闭合时，Q0.4立即得电输出

| I0.5 ─┤├─ Q0.5 ( ) / I0.6 ─┤/├─ | LDI I0.5 ONI I0.6 = Q0.5 | //常开触点I0.5的立即取指令 //常闭触点I0.6的立即或反指令 //线圈Q0.5的输出指令 |

程序含义：I0.5立即读取物理量数值闭合或I0.6立即取反闭合时，Q0.5得电输出

图8-11 立即指令的应用示例

8.1.5 | 西门子PLC的空操作指令

空操作指令（NOP）是一条无动作的指令，将稍微延长扫描周期的长度，但不影响用户程序的执行，主要用于改动或追加程序时使用。图8-12所示为空操作指令梯形图符号及指令含义。

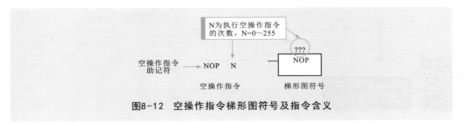

图8-12 空操作指令梯形图符号及指令含义

图8-13所示为空操作指令的应用示例。

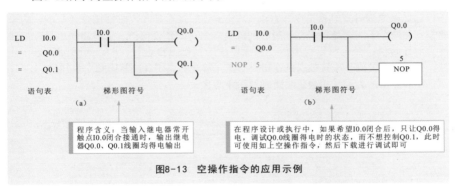

图8-13 空操作指令的应用示例

8.2 西门子PLC的定时器指令

定时器是一种根据设定时间动作的继电器，其作用相当于继电器控制系统中的时间继电器。在西门子S7-200 SMART系列PLC中，定时器指令主要有三种，即TON（接通延时定时器指令）、TONR（记忆接通延时定时器指令）和TOF（断开延时定时器指令）。

8.2.1 | 西门子PLC的接通延时定时器指令

接通延时定时器指令（TON）是指定时器得电后，延时一段时间（由设定值决定）后其对应的常开或常闭触点才执行闭合或断开动作；当定时器失电后，触点立即复位。

图8-14所示为接通延时定时器指令的含义。

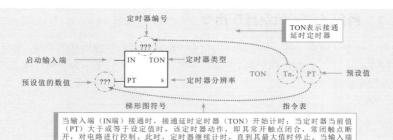

图8-14 接通延时定时器指令的含义

8.2.2 西门子PLC的记忆接通延时定时器指令

记忆接通延时定时器指令（TONR）与上述的接通延时定时器指令（TON）的原理基本相同，不同之处在于在计时时间段内，未达到预设值前，定时器断电后，可保持当前计时值；当定时器得电后，从保留值的基础上再进行计时，可多间隔累计计时，当达到预设值时，其触点执行相应动作（常开触点闭合，常闭触点断开）。

图8-15所示为记忆接通延时定时器指令的含义。

图8-15 记忆接通延时定时器指令的含义

8.2.3 西门子PLC的断开延时定时器指令

断开延时定时器指令（TOF）是指定时器得电后，其相应常开或常闭触点立即执行闭合或断开动作；当定时器失电后，需延时一段时间（由设定值决定），其对应的常开或常闭触点才执行复位动作。

图8-16所示为断开延时定时器指令的含义。

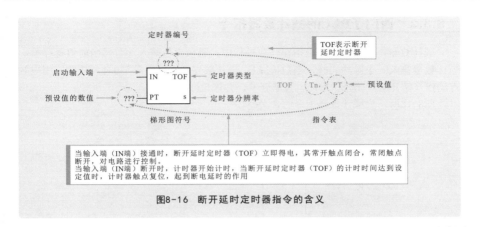

当输入端（IN端）接通时，断开延时定时器（TOF）立即得电，其常开触点闭合，常闭触点断开，对电路进行控制。
当输入端（IN端）断开时，计时器开始计时，当断开延时定时器（TOF）的计时时间达到设定值时，计时器触点复位，起到断电延时的作用

图8-16 断开延时定时器指令的含义

8.3 西门子PLC的计数器指令

计数器用于对程序产生或外部输入的脉冲进行计数，经常用来对产品进行计数。用"字母C+数字"进行标识，数字范围为0～255，共256个。西门子S7-200 SMART系列PLC中的计数器主要有三种：加计数器指令（CTU）、减计数器指令（CTD）和加/减计数器指令（CTUD）。一般情况下，计数器与定时器配合使用。

8.3.1 西门子PLC的加计数器指令

加计数器指令（CTU）是指在计数过程中，当计数端输入一个脉冲式时，当前值加1，当脉冲数累加到大于或等于计数器的预设值时，计数器相应触点动作（常开触点闭合，常闭触点断开）。

图8-17所示为加计数器指令的含义。

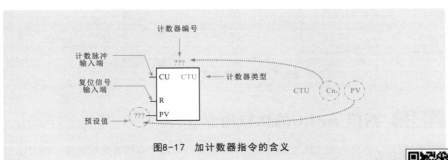

图8-17 加计数器指令的含义

微视频讲解12"西门子PLC的加计数器指令"

8.3.2 | 西门子PLC的减计数器指令

减计数器指令（CTD）是指在计数过程中，将预设值装入计数器当前值寄存器，当计数端输入一个脉冲式时，当前值减1；当计数器的当前值等于0时，计数器相应触点动作（常开触点闭合，常闭触点断开），并停止计数。

图8-18所示为减计数器指令的含义。

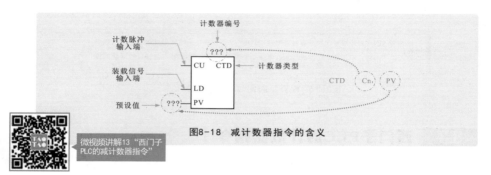

图8-18 减计数器指令的含义

微视频讲解13 "西门子PLC的减计数器指令"

8.3.3 | 西门子PLC的加/减计数器指令

加/减计数器（CTUD）有两个脉冲信号输入端，在其计数过程中，可进行计数加1，也可进行计数减1。

图8-19所示为加/减计数器指令的含义。

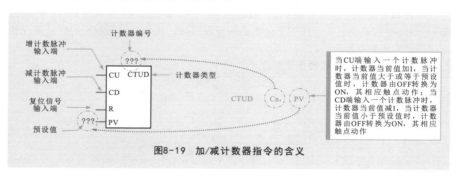

图8-19 加/减计数器指令的含义

8.4 西门子PLC的比较指令

比较指令也称为触点比较指令，其主要功能是将两个操作数进行比较，如果比较条件满足，则触点闭合；如果比较条件不满足，则触点断开。

在西门子S7-200 SMART系列PLC中，比较指令包括数值比较指令和字符串比较指令两种。

8.4.1 西门子PLC的数值比较指令

数值比较指令用于比较两个相同数据类型的有符号数或无符号数（即两个操作数）。

图8-20所示为数值比较指令的含义。

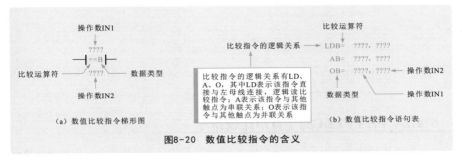

图8-20 数值比较指令的含义

图8-21所示为不同数据类型的不同比较指令。数值比较运算符有=（等于）、>=（大于或等于）、<=（小于或等于）、>（大于）、<（小于）和<>（不等于）。用于比较的数据类型有字节B（无符号数）、整数I（有符号数）、双字整数D（有符号数）和实数R（有符号数）四种。

图8-21 不同数据类型的不同比较指令

数值比较指令中的有效操作数见表8-1。

表8-1 数值比较指令中的有效操作数

类型	说明	操作数
BYTE	字节（无符号数）	IB、QB、VB、MB、SMB、SB、LB、AC、*VD、*LD、*AC、常数
INT	整数（16#8000~16#7FFF）	IW、QW、VW、MW、SMW、SW、LW、T、C、AC、AIW、*VD、*LD、*AC、常数
DINT	双字整数（16#80000000~16#7FFFFFFF）	ID、QD、VD、MD、SMD、SD、LD、AC、HC、*VD、*LD、*AC、常数
REAL	负实数（-1.175495e-38~-3.402823e+38） 正实数（+1.175495e-38~+3.402823e+38）	ID、QD、VD、MD、SMD、SD、LD、AC、*VD、*LD、*AC、常数

8.4.2 西门子PLC的字符串比较指令

字符串比较指令是用于比较两个包含ASCII字符的字符串的指令。该指令运算符包括=（相等）和＜＞（不相等）两种。当比较结果为真时，触点（梯形图）或输出（功能块图）接通。图8-22所示为字符串比较指令的含义。

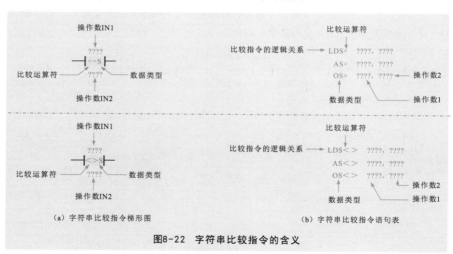

（a）字符串比较指令梯形图　　　　　　　（b）字符串比较指令语句表

图8-22 字符串比较指令的含义

字符串比较指令中的有效操作数见表8-2。

表8-2 字符串比较指令中的有效操作数

输入	数据类型	操作数
IN1	STRING（字符串）	VB、LB、*VD、*LD、*AC、常数
IN2	STRING（字符串）	VB、LB、*VD、*LD、*AC

8.5 西门子PLC的运算指令

西门子S7-200 SMART PLC常用运算指令主要有加法指令、减法指令、乘法指令、除法指令、递增指令、递减指令等。

8.5.1 西门子PLC的加法指令

图8-23所示为加法指令的含义。加法指令是对两个有符号数相加的指令。根据数据类型的不同，加法指令分为整数加法指令（ADD_I）、双精度整数加法指令（ADD_DI）和实数加法指令（ADD_R）。

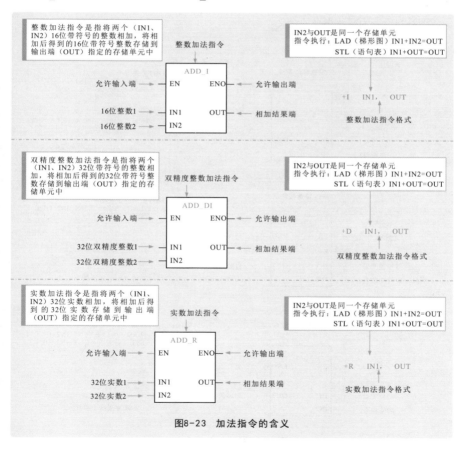

图8-23 加法指令的含义

整数加法适合的数据类型为整数。整数是指不带小数部分的数，可以为正整数、负整数和零。整数就是1个字（2字节），范围为-32768～+32768之间的任意整数。

双精度整数是指不带小数的数，可以是正双整数、负双整数和0。与整数不同的是，它占用2字（4字节）的空间，可表示的数值范围较大，一般为-2147483648～+2147483647之间的任意整数。

实数同样占用2字（4字节）的空间，包括整数、分数和无限不循环小数。

8.5.2　西门子PLC的减法指令

减法指令是对两个有符号数相减的指令，即将两个输入端（IN1、IN2）指定的数据相减，把得到的结果送到输出端指定的存储单元中。根据数据类型的不同，减法指令分为整数减法指令（SUB_I）（16位数）、双精度整数减法指令（SUB_DI）（32位数）和实数减法指令（SUB_R）（32位数）。减法指令的含义与加法指令含义相似。

图8-24所示为减法指令的含义。

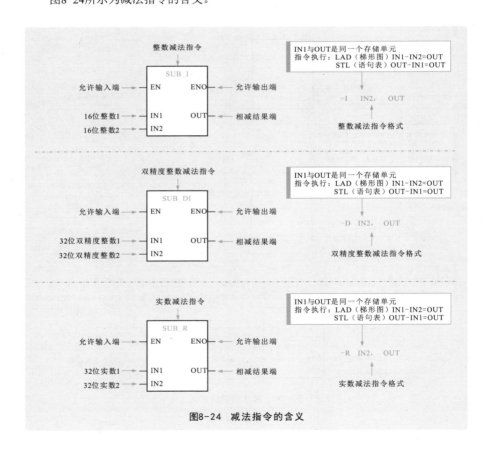

图8-24　减法指令的含义

8.5.3 | 西门子PLC的乘法指令

乘法指令是将两个输入端（IN1、IN2）指定的数据相乘，把得到的结果送到输出端指定的存储单元中。

图8-25所示为乘法指令的含义。根据数据类型的不同，乘法指令分为整数乘法指令（MUL_I）（16位数）、整数相乘得双精度整数指令（MUL）（将两个16位整数相乘，得到32位结果，也称为完全整数乘法指令）、双精度整数乘法指令（MUL_DI）（32位数）和实数乘法指令（MUL_R）（32位数）。

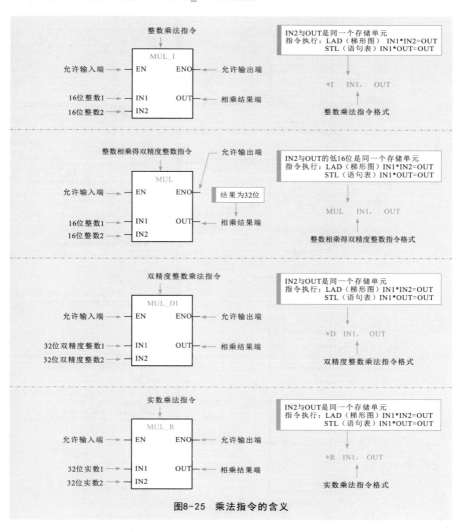

图8-25 乘法指令的含义

8.5.4 | 西门子PLC的除法指令

除法指令是将两个输入端（IN1、IN2）指定的数据相除，把得到的结果送到输出端指定的存储单元中。

根据数据类型的不同，除法指令分为整数除法指令（DIV_I）（16位数，余数不被保留）、整数相除得商/余数指令（DIV）（带余数的整数除法，也称为完全整数除法指令）、双精度整数除法指令（DIV_DI）（32位数，余数不被保留）和实数除法指令（DIV_R）（32位数）。图8-26所示为除法指令的含义。

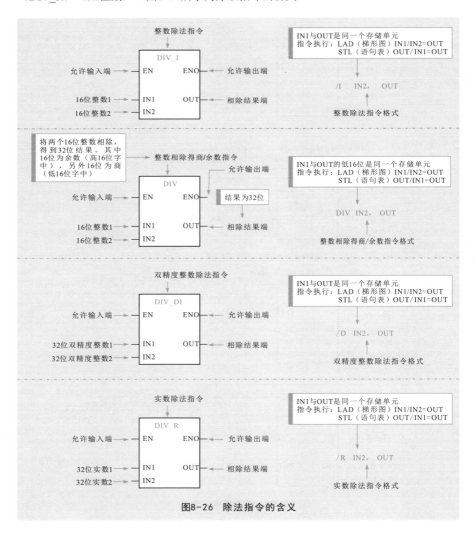

图8-26　除法指令的含义

8.5.5 西门子PLC的递增指令

递增指令根据数据长度的不同包括字节递增指令（INCB）、字递增指令（INCW）和双字递增指令（INCD）。图8-27所示为递增指令的含义。

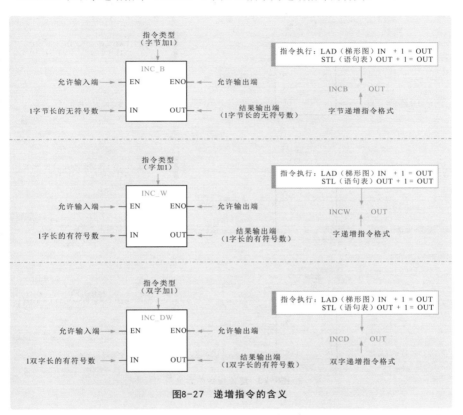

图8-27 递增指令的含义

补充说明

位（BIT）、字节（BYTE）、字（WORD）和双字（DWORD）的基本含义如下：

（1）位（BIT）表示二进制位。位是计算机内部数据存储的最小单位，11010100是一个8位二进制数。

（2）字节（BYTE）是计算机中数据处理的基本单位。计算机中以字节为单位存储和解释信息，规定1字节由8个二进制位构成，即1字节等于8位（1BYTE=8BIT）。

（3）字（WORD）是微机原理、汇编语言课程中进行汇编语言程序设计中采用的数据位数，为16位，2字节（1字=2字节=16位）。

（4）双字（DWORD）=2字=4字节=32位。

8.5.6 | 西门子PLC的递减指令

图8-28所示为递减指令的含义。递减指令也可根据数据长度的不同分为字节递减指令（DECB）、字递减指令（DECW）和双字递减指令（DECD）。

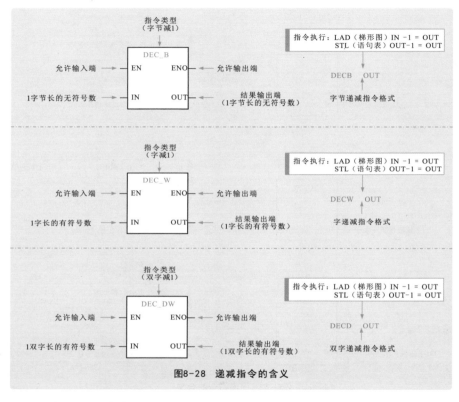

图8-28　递减指令的含义

递增、递减指令中IN和OUT的寻址范围见表8-3。

表8-3　递增、递减指令中IN和OUT的寻址范围

输入/输出	数据类型	有效操作数
IN	BYTE（字节）	IB、QB、VB、MB、SMB、SB、LB、AC、*VD、*LD、*AC、常数
	WORD（字）	IW、QW、VW、MW、SMW、SW、LW、T、C、AC、AIW、*VD、*LD、*AC、常数
	DWORD（双字）	ID、QD、VD、MD、SMD、SD、LD、AC、HC、*VD、*LD、*AC、常数
OUT	BYTE（字节）	IB、QB、VB、MB、SMB、SB、LB、AC、*VD、*AC、*LD
	WORD（字）	IW、QW、VW、MW、SMW、SW、T、C、LW、AC、*VD、*LD、*AC
	DWORD（双字）	ID、QD、VD、MD、SMD、SD、LD、AC、*VD、*LD、*AC

8.6 西门子PLC的逻辑运算指令

逻辑运算指令是对逻辑数（即无符号数）进行运算处理的指令。它包括逻辑与、逻辑或、逻辑异或、逻辑取反指令。

8.6.1 西门子PLC的逻辑与指令

图8-29所示为逻辑与指令的含义。逻辑与指令是指将两个输入端（IN1、IN2）的数据按位"与"，并将处理后的结果存储在输出端（OUT）中。

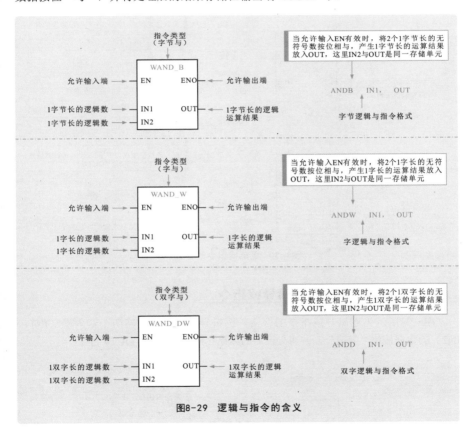

图8-29 逻辑与指令的含义

8.6.2 西门子PLC的逻辑或指令

图8-30所示为逻辑或指令的含义。逻辑或指令是指将两个输入端（IN1、IN2）的数据按位"或"，并将处理后的结果存储在输出端（OUT）中。

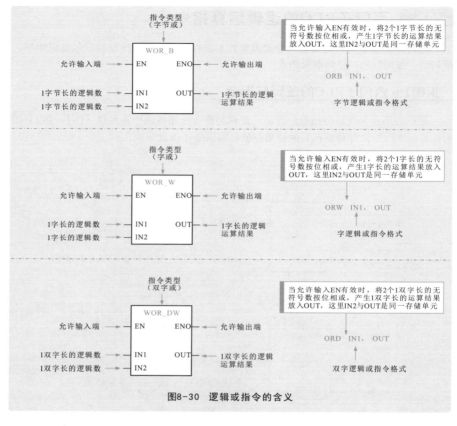

图8-30 逻辑或指令的含义

8.6.3 西门子PLC的逻辑异或指令

图8-31所示为逻辑异或指令的含义。逻辑异或指令是指将两个输入端（IN1、IN2）的数据按位"异或"，并将处理后的结果存储在输出端（OUT）中。

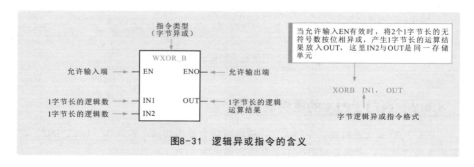

图8-31 逻辑异或指令的含义

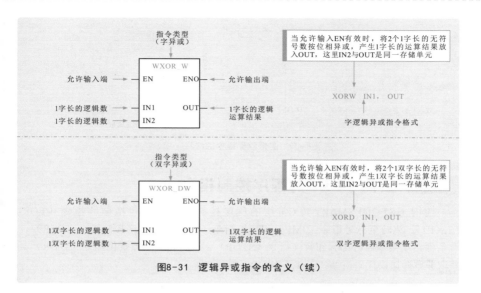

图8-31 逻辑异或指令的含义（续）

8.6.4 西门子PLC的逻辑取反指令

图8-32所示为逻辑取反指令的含义。逻辑取反指令是指将输入端（IN）的数据按位"取反"，并将处理后的结果存储在输出端（OUT）中。

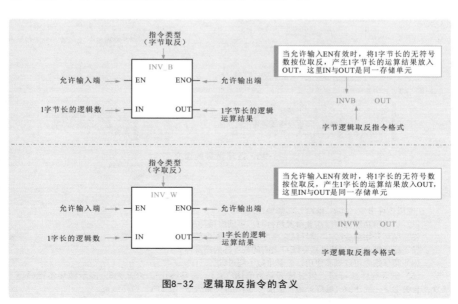

图8-32 逻辑取反指令的含义

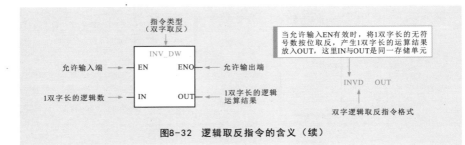

图8-32 逻辑取反指令的含义（续）

8.7 西门子PLC的程序控制指令

西门子S7-200 SMART PLC常用的程序控制指令主要包括循环指令（FOR-NEXT）、跳转至标号指令（JMP）和标号指令（LBL）、顺序控制指令（SCR）、有条件结束指令（END）和暂停指令（STOP）、看门狗定时器复位指令（WDR）、获取非致命错误代码指令（GET_ERROR）等。

8.7.1 西门子PLC的循环指令

图8-33所示为循环指令的含义。循环指令包括循环开始指令（FOR）和循环结束指令（NEXT）两个基本指令。

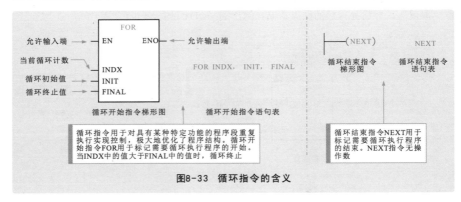

图8-33 循环指令的含义

补充说明

在使用循环指令（FOR、NEXT）时需要注意：

（1）当某项功能程序段需要重复执行时，可使用循环指令。

（2）循环开始指令FOR与循环结束指令NEXT必须配合使用。

（3）循环指令FOR与循环指令NEXT之间的程序称为循环体。

（4）循环指令可以嵌套使用，嵌套层数不超过8层。

（5）循环程序执行时，假设循环初始值INIT为1，循环终止值FINAL为5，表示循环体要循环5次，且每循环一次INDX（循环计数）值加1，当INDX的值大于FINAL时，循环结束。

8.7.2 西门子PLC的跳转至标号指令和标号指令

图8-34所示为跳转至标号指令与标号指令的含义。跳转至标号指令（JMP）与标号指令（LBL）是一对配合使用的指令，必须成对使用，缺一不可。

图8-34 跳转至标号指令与标号指令的含义

补充说明

在使用跳转至标号指令JMP和标号指令LBL时需要注意：

（1）跳转至标号指令与标号指令必须配合使用。

（2）跳转至标号指令与标号指令可以在主程序、子程序或者中断程序中使用。跳转至标号指令和与之相应的标号指令必须位于同一段程序代码（无论是主程序、子程序还是中断程序）中。

（3）不能从主程序跳到子程序或中断程序，同样不能从子程序或中断程序中跳出。

（4）程序执行跳转至标号指令后，被跳过的程序中各类元件的状态如下：

① Q、M、S、C等元件的位保持跳转前的状态。

② 计数器C停止计数，保持跳转前的计数值。

③ 分辨率为1ms、10ms的定时器保持跳转前的工作状态，即跳转前开始定时的定时器继续定时工作，到设定值后其位（相应的常开触点、常闭触点）的状态也会改变。

④ 分辨率为100ms的定时器在跳转器件中停止工作，但不会复位，保持跳转时的值，但跳转结束后，在输入条件允许的前提下，继续计时，但此时计时已不准确。因此，使用定时器的程序中应谨慎使用跳转至标号指令。

8.7.3 西门子PLC的顺序控制指令

图8-35所示为顺序控制指令的含义。顺序控制指令（SCR）是将顺序功能图（SFC）转换为梯形图的编程指令，主要包括段开始指令（LSCR）、段转移指令（SCRT）和段结束指令（SCRE）。

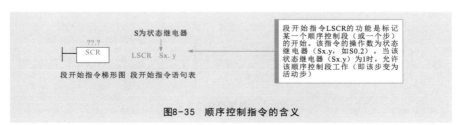

图8-35 顺序控制指令的含义

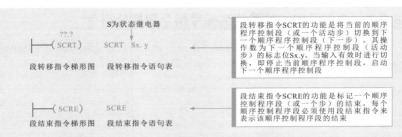

图8-35 顺序控制指令的含义（续）

补充说明

使用顺序控制指令时需要注意：

（1）在梯形图中段开始指令为功能框形式，段转移指令和段结束指令均为线圈形式。

（2）顺序控制指令仅对状态继电器S有效。

（3）当S被置位后，顺序控制程序段中的程序才能够执行。

（4）不能把同一个S位用于不同程序中。例如，如果在主程序中用了S0.0，在子程序中就不能再使用。

（5）在SCR段中不能使用FOR、NEXT和END指令。

（6）无法跳转入或跳转出SCR段；然而，可以使用跳转至标号指令（JMP）和标号指令（LBL）在SCR段附近跳转，或在SCR段内跳转。

8.7.4 西门子PLC的有条件结束指令和暂停指令

图8-36所示为有条件结束指令的含义。有条件结束指令（END）是结束程序的指令。只能结束主程序，不能在子程序和中断服务程序中使用。

图8-36 有条件结束指令的含义

图8-37所示为暂停指令的含义。暂停指令（STOP）是指当条件允许时，立即终止程序的执行，将PLC当前的运行工作方式（RUN）转换到停止方式（STOP）。

图8-37 暂停指令的含义

128

8.7.5 | 西门子PLC的看门狗定时器复位指令

看门狗定时器复位指令（WDR）是一种用于复位系统中的监视狗定时器（WDT）的指令。

看门狗定时器复位指令是专门监视扫描周期的时钟，用于监视扫描周期是否超时。WDT一般有一个稍微大于程序扫描周期的定时值（西门子S7-200中WDT的设定值为300ms）。当程序正常扫描时，所需扫描时间小于WDT设定值，WDT被复位；当程序异常时，扫描周期大于WDT，WDT不能及时复位，将发出报警并停止CPU运行，防止因系统异常或程序进入死循环而引起的扫描周期过长。

然而，有些系统程序会因使用中断指令、循环指令或程序本身过长，而超过WDT的设定值，此时若希望程序正常工作，可在程序适当位置插入看门狗定时器复位指令（WDR），对监视狗定时器WDT进行复位，从而延长一次允许的扫描时间。

图8-38所示为看门狗定时器复位指令的含义。

看门狗定时器复位指令梯形图　　　看门狗定时器复位指令语句表

WDR指令执行，系统中的监视狗定时器（WDT）复位，重新开始计时，延长扫描周期，允许程序扫描周期超过监视狗定时器的预设时间

图8-38　看门狗定时器复位指令的含义

补充说明

在使用WDR指令时，如果用循环指令去阻止扫描完成或过度延迟扫描时间，下列程序只有在扫描周期完成后才能执行：

(1) 通信（自由端口方式除外）。

(2) I/O更新（立即I/O除外）。

(3) 强制更新。

(4) SM位更新（SM0，SM5 ～ SM29不能被更新）。

(5) 运行时间诊断。

(6) 中断程序中的STOP指令。

(7) 由于扫描时间超过25s，10ms和100ms定时器将不会正确累计时间。

另外，需要注意的是，监视定时器WDT指令，即看门狗指令默认存储于PLC系统中，与每个程序的无条件结束语句相同，已经写入系统中，编程时无须进行编写。

8.7.6 | 西门子PLC的获取非致命错误代码指令

获取非致命错误代码指令将CPU的当前非致命错误代码存储在分配给ECODE的位置。而CPU中的非致命错误代码将在存储后清除。

图8-39所示为获取非致命错误代码指令（GET_ERROR）梯形图符号及语句表标识。

图8-39 获取非致命错误代码指令梯形图符号及语句表标识

8.8 西门子PLC的传送指令

西门子PLC（S7-200 SMART）的传送指令主要有单数据（字节、字、双字、实数）传送指令和数据块传送指令。

8.8.1 西门子PLC的单数据传送指令

字节、字、双字、实数传送指令称为单数据传送指令，它是指将输入端指定的单个数据传送到输出端，传送过程中数据的值保持不变。

图8-40所示为字节、字、双字、实数传送指令的含义。

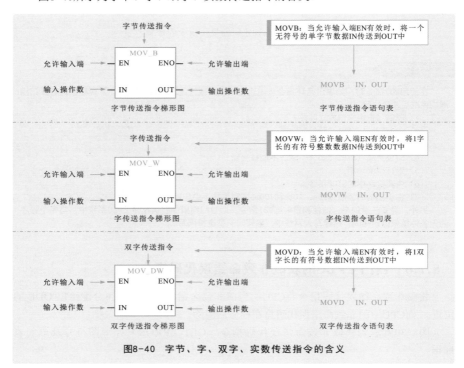

图8-40 字节、字、双字、实数传送指令的含义

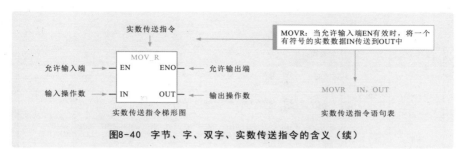

图8-40 字节、字、双字、实数传送指令的含义（续）

单数据传送指令中除上述4个基本指令外，还有两个立即传送指令，即字节立即读传送指令（MOV_BIR）和字节立即写传送指令（MOV_BIW），如图8-41所示。

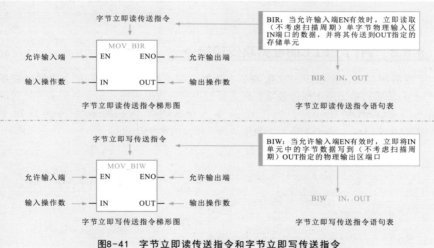

图8-41 字节立即读传送指令和字节立即写传送指令

字节、字、双字、实数传送指令的有效操作数见表8-4。

表8-4 字节、字、双字、实数传送指令的有效操作数

数据类型	指令类型	输入/输出	有效操作数
字节 （BYTE）	字节传送 指令	IN	IB、QB、VB、MB、SMB、SB、LB、AC、*VD、*LD、*AC、常数
		OUT	IB、QB、VB、MB、SMB、SB、LB、AC、*VD、*LD、*AC
	字节立即 读传送 指令	IN	IB、*VD、*LD、*AC
		OUT	IB、QB、VB、MB、SMB、SB、LB、AC、*VD、*LD、*AC、常数
	字节立即 写传送 指令	IN	IB、QB、VB、MB、SMB、SB、LB、AC、*VD、*LD、*AC
		OUT	QB、*VD、*LD、*AC

续表

数据类型	指令类型	输入/输出	有效操作数
字 （WORD）	字传送 指令	IN	IW、QW、VW、MW、SMW、SW、T、C、LW、AC、AIW、*VD、*AC、*LD、常数
		OUT	IW、QW、VW、MW、SMW、SW、T、C、LW、AC、AQW、*VD、*LD、*AC
双字 （DWORD）	双字传送 指令	IN	ID、QD、VD、MD、SMD、SD、LD、HC、&VB、&IB、&QB、&MB、&SB、&T、&C、&SMB、&AIW、&AQW、AC、*VD、*LD、*AC、常数
		OUT	ID、QD、VD、MD、SMD、SD、LD、AC、*VD、*LD、*AC
实数 （REAL）	实数传送 指令	IN	ID、QD、VD、MD、SMD、SD、LD、AC、*VD、*LD、*AC、常数
		OUT	ID、QD、VD、MD、SMD、SD、LD、AC、*VD、*LD、*AC

8.8.2 | 西门子PLC的数据块传送指令

数据块传送指令用于一次传输多个数据，即将输入端指定的多个数据（最多255个）传送到输出端。根据传送数据类型的不同，数据块传送指令包括字节块传送指令（BLKMOV_B）、字块传送指令（BLKMOV_W）和双字块传送指令（BLKMOV_D）。图8-42所示为数据块传送指令的含义。

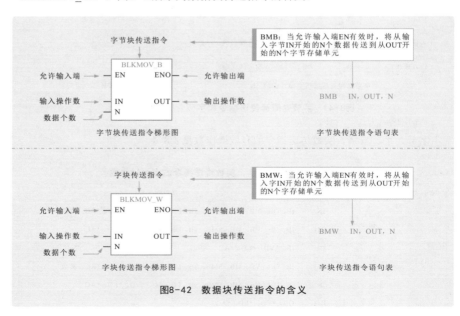

图8-42　数据块传送指令的含义

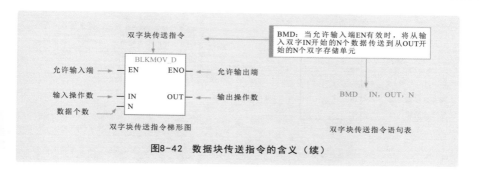

图8-42　数据块传送指令的含义（续）

8.9　西门子PLC的移位/循环指令

西门子S7-200 SMART PLC移位/循环指令是一种对无符号数进行移位的指令，包括逻辑移位指令、循环移位指令和移位寄存器指令。

8.9.1　西门子PLC的逻辑移位指令

逻辑移位指令根据移动方向分为左移位指令和右移位指令。根据数据类型的不同，每种移位指令又可细分为字节、字、双字的左移位指令和右移位指令，共6种。

图8-43所示为逻辑移位指令的含义。

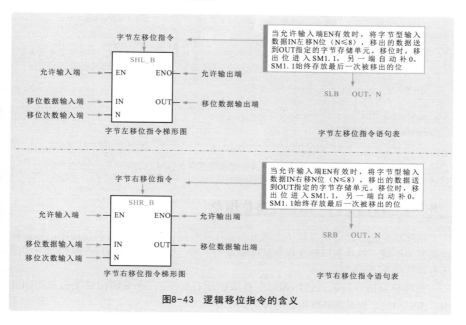

图8-43　逻辑移位指令的含义

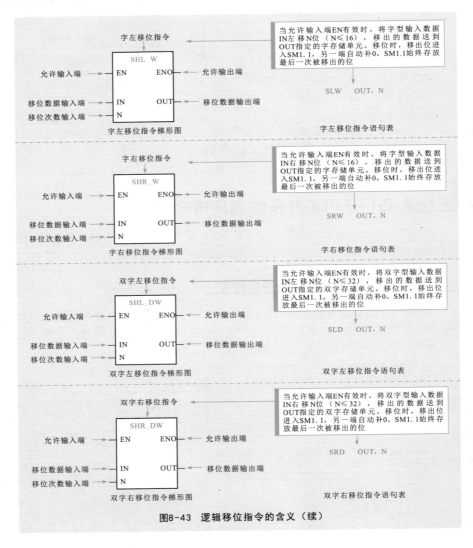

当允许输入端EN有效时，将字型输入数据IN左移位N位（N≤16），移出的数据送到OUT指定的字存储单元。移位时，移出位进入SM1.1，另一端自动补0。SM1.1始终存放最后一次被移出的位

SLW   OUT, N

字左移位指令语句表

当允许输入端EN有效时，将字型输入数据IN右移N位（N≤16），移出的数据送到OUT指定的字存储单元。移位时，移出位进入SM1.1，另一端自动补0。SM1.1始终存放最后一次被移出的位

SRW   OUT, N

字右移位指令语句表

当允许输入端EN有效时，将双字型输入数据IN左移N位（N≤32），移出的数据送到OUT指定的双字存储单元。移位时，移出位进入SM1.1，另一端自动补0。SM1.1始终存放最后一次被移出的位

SLD   OUT, N

双字左移位指令语句表

当允许输入端EN有效时，将双字型输入数据IN右移N位（N≤32），移出的数据送到OUT指定的双字存储单元。移位时，移出位进入SM1.1，另一端自动补0。SM1.1始终存放最后一次被移出的位

SRD   OUT, N

双字右移位指令语句表

图8-43　逻辑移位指令的含义（续）

8.9.2 │ 西门子PLC的循环移位指令

　　循环移位指令也可根据移位方向分为循环左移位指令和循环右移位指令。根据数据类型的不同，每种循环移位指令又可细分为字节、字、双字的循环左移位指令和循环右移位指令，共6种。

　　循环移位指令将输入值IN循环左移或循环右移N位，并将输出结果装载到OUT中。图8-44所示为循环移位指令的含义。

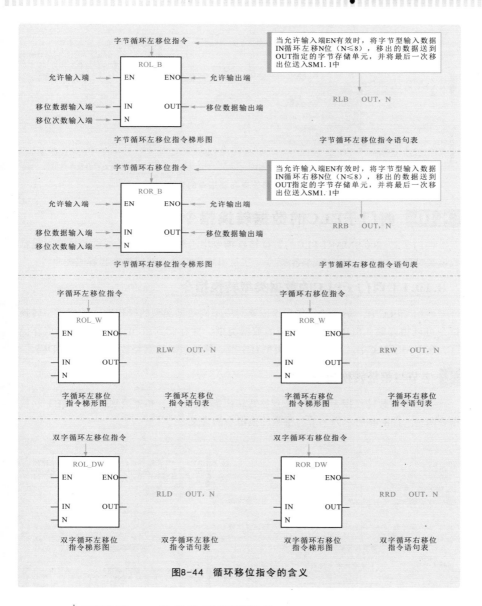

图8-44 循环移位指令的含义

8.9.3 西门子PLC的移位寄存器指令

移位寄存器指令（SHRB）用于将数值移入寄存器中。图8-45所示为移位寄存器指令的含义。

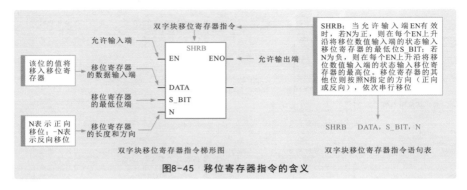

图8-45　移位寄存器指令的含义

8.10 西门子PLC的数据转换指令

西门子S7-200 SMART PLC的数据转换指令用于对操作数的类型进行转换，包括数据类型转换指令、ASCII码转换指令、字符串转换指令、编码指令和解码指令等。

8.10.1 西门子PLC的数据类型转换指令

西门子PLC中，不同的操作指令需要对应不同数据类型的操作数。数据类型转换指令可以将该输入值IN转换为指定的数据类型，并存储到由OUT指定的输出值存储区。在西门子PLC中，主要的数据类型有字节、整数、双精度整数、实数和BCD码。

1 字节与整数转换指令

字节与整数转换指令包括字节到整数转换指令（BTI）和整数到字节（ITB）转换指令两种。图8-46所示为字节与整数转换指令的含义。

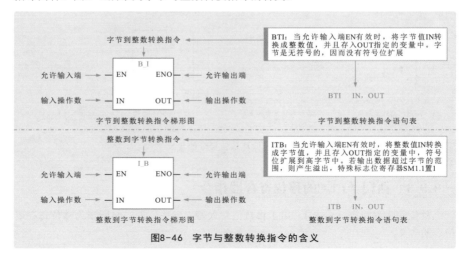

图8-46　字节与整数转换指令的含义

2 整数与双精度整数转换指令

整数与双精度整数转换指令包括整数到双精度整数转换指令（ITD）和双精度整数到整数转换指令（DTI）两种。图8-47所示为整数与双精度整数转换指令的含义。

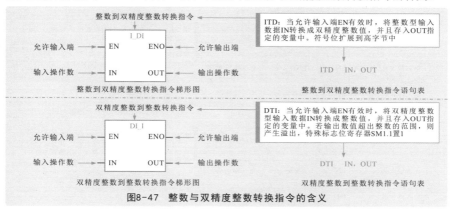

图8-47 整数与双精度整数转换指令的含义

3 双精度整数与实数转换指令

双精度整数与实数转换指令包括双精度整数到实数转换指令（DTR）、舍入指令（ROUND）和取整指令（TRUNC）三种。图8-48所示为双精度整数与实数转换指令的含义。

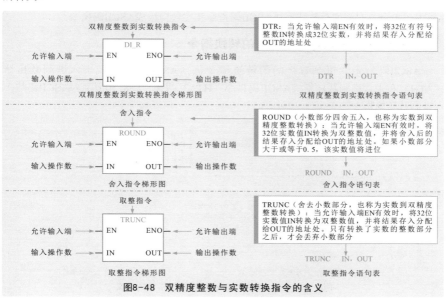

图8-48 双精度整数与实数转换指令的含义

4 整数与BCD码转换指令

整数与BCD码转换指令包括整数到BCD码转换指令（IBCD）和BCD码到整数转换指令（BCDI）两种。图8-49所示为整数与BCD码转换指令的含义。

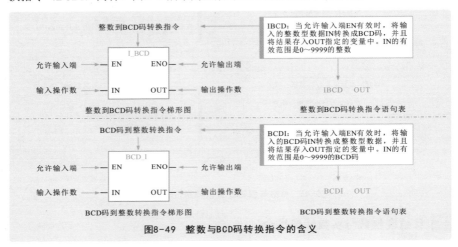

图8-49　整数与BCD码转换指令的含义

8.10.2 西门子PLC的ASCII码转换指令

ASCII码转换指令包括ASCII码与十六进制数之间的转换指令、整数转换成ASCII码指令、双精度整数转换成ASCII码指令和实数转换成ASCII码指令。

1 ASCII码与十六进制数之间的转换指令

ASCII码与十六进制数之间的转换指令包括ASCII码转换成十六进制数指令（ATH）和十六进制数转换成ASCII码指令（HTA）两种。图8-50所示为ASCII码与十六进制数转换指令的含义。

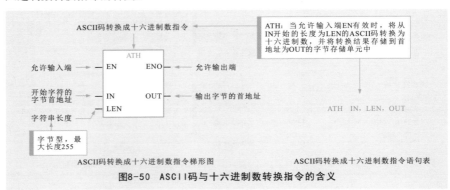

图8-50　ASCII码与十六进制数转换指令的含义

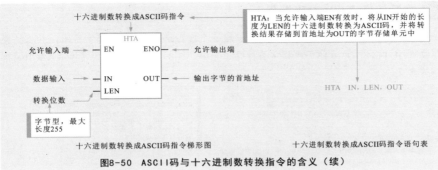

HTA：当允许输入端EN有效时，将从IN开始的长度为LEN的十六进制数转换成ASCII码，并将转换结果存储到首地址为OUT的字节存储单元中

允许输入端 → EN

数据输入 → IN

转换位数 → LEN

十六进制数转换成ASCII码指令

字节型，最大长度255

允许输出端

输出字节的首地址

HTA IN，LEN，OUT

十六进制数转换成ASCII码指令梯形图　　　　　十六进制数转换成ASCII码指令语句表

图8-50 ASCII码与十六进制数转换指令的含义（续）

2 整数转换成ASCII码指令

整数转换成ASCII码指令（ITA）是将一个整数转换成ASCII码，并将结果存储到OUT指定的8个连续字节存储单元中。图8-51所示为整数转换成ASCII码指令的含义。

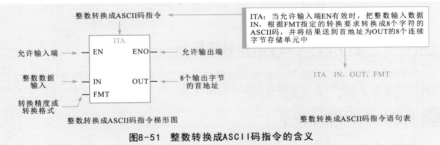

整数转换成ASCII码指令

ITA：当允许输入端EN有效时，把整数输入数据IN，根据FMT指定的转换要求转换成8个字符的ASCII码，并将结果送到首地址为OUT的8个连续字节存储单元中

允许输入端 → EN

整数数据输入 → IN

转换精度或转换格式 → FMT

允许输出端

8个输出字节的首地址

ITA IN，OUT，FMT

整数转换成ASCII码指令梯形图　　　　　整数转换成ASCII码指令语句表

图8-51 整数转换成ASCII码指令的含义

3 双精度整数转换成ASCII码指令

双精度整数转换成ASCII码指令（DTA）是将一个双精度整数转换成ASCII码字符串，并将结果存储到OUT指定的12个连续字节存储单元中。图8-52所示为双精度整数转换成ASCII码指令的含义。

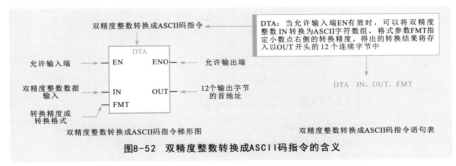

双精度整数转换成ASCII码指令

DTA：当允许输入端EN有效时，可以将双精度整数IN转换为ASCII字符数组。格式参数FMT指定小数点右侧的转换精度。得出的转换结果将存入以OUT开头的12个连续字节中

允许输入端 → EN

双精度整数数据输入 → IN

转换精度或转换格式 → FMT

允许输出端

12个输出字节的首地址

DTA IN，OUT，FMT

双精度整数转换成ASCII码指令梯形图　　　　　双精度整数转换成ASCII码指令语句表

图8-52 双精度整数转换成ASCII码指令的含义

4 实数转换成ASCII码指令

实数转换成ASCII码指令（RTA）是将一个实数转换成ASCII码字符串，并将结果存储到OUT指定的3～15个连续字节存储单元中。图8-53所示为实数转换成ASCII码指令的含义。

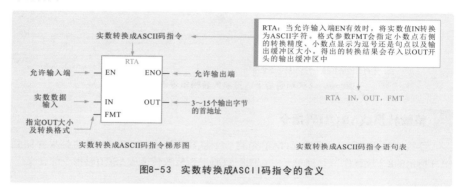

图8-53 实数转换成ASCII码指令的含义

8.10.3 西门子PLC的字符串转换指令

字符串转换指令包括数值（整数、双精度整数、实数）转换成字符串指令和字符串转换成数值（整数、双精度整数、实数）指令。

1 数值转换成字符串指令

数值转换成字符串指令包括整数转换成字符串指令（ITS）、双精度整数转换成字符串指令（DTS）和实数转换成字符串指令（RTS）。图8-54所示为数值转换成字符串指令的含义。

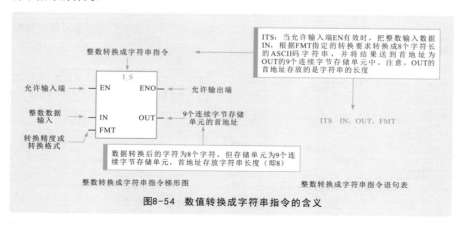

图8-54 数值转换成字符串指令的含义

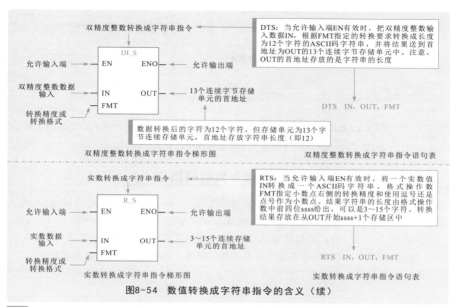

图8-54 数值转换成字符串指令的含义（续）

2 字符串转换成数值指令

字符串转换成数值指令包括字符串转换成整数指令（STI）、字符串转换成双整数指令（STD）和字符串转换成实数指令（STR）。图8-55所示为字符串转换成数值指令的含义。

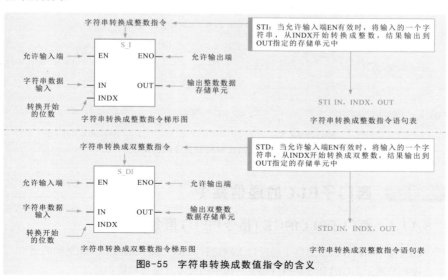

图8-55 字符串转换成数值指令的含义

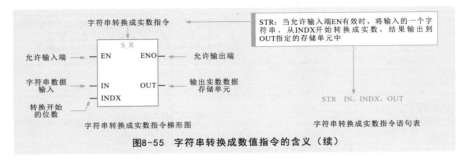

图8-55 字符串转换成数值指令的含义（续）

8.10.4 | 西门子PLC的编码指令和解码指令

编码指令（ENCO）是将输入端IN字型数据的最低有效位（即数值为1的位）的位号（0～15）编码成4位进制数，并存入OUT指定字节型存储器的低4位中。

解码指令（DECO）是根据输入端IN字节型数据的低4位所表示的位号（0～15），将输出端OUT所指定的字型单元中的相应位号上的数值置1，其他位置0。

图8-56所示为编码指令和解码指令的含义。

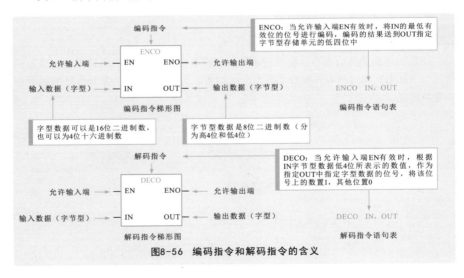

图8-56 编码指令和解码指令的含义

8.11 西门子PLC的通信指令

8.11.1 | 西门子PLC的GET指令和PUT指令

GET指令和PUT指令适用于通过以太网进行的 S7-200 SMART CPU 之间的通信。

图8-57所示为GET指令和PUT指令的梯形图符号及语句表标识。

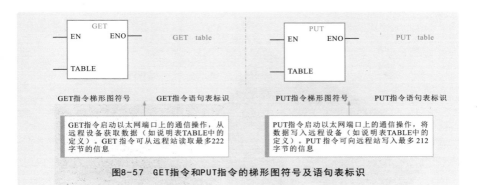

图8-57 GET指令和PUT指令的梯形图符号及语句表标识

8.11.2 西门子PLC的发送指令和接收指令

图8-58所示为发送指令（XMT）和接收指令（RCV）的梯形图符号及语句表标识。可使用发送指令和接收指令，通过CPU串行端口在S7-200 SMART CPU和其他设备之间进行通信。每个S7-200 SMART CPU 都提供集成的RS-485端口。

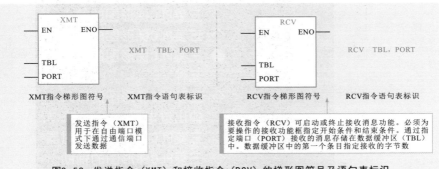

图8-58 发送指令（XMT）和接收指令（RCV）的梯形图符号及语句表标识

发送指令（XMT）和接收指令（RCV）的有效操作数见表8-5。

表8-5 发送指令（XMT）和接收指令（RCV）的有效操作数

输入/输出	数据类型	操 作 数
TBL	BYTE	IB、QB、VB、MB、SMB、SB、*VD、*LD、*AC
PORT	BYTE	常数：0或1 注：两个可用端口如下。 ·集成RS-485端口（端口0）； ·CM01信号板（SB）RS-232/RS-485端口（端口1）

9

本章系统介绍三菱PLC
梯形图。

● 三菱PLC梯形图的结构
◇ 三菱PLC梯形图的母线
◇ 三菱PLC梯形图的触点
◇ 三菱PLC梯形图的线圈
● 三菱PLC梯形图的编程
   元件
◇ 三菱PLC梯形图的输入/
   输出继电器
◇ 三菱PLC梯形图的定时器
◇ 三菱PLC梯形图的辅助
   继电器
◇ 三菱PLC梯形图的计数器

9.1 三菱PLC梯形图的结构

三菱PLC梯形图继承了继电器控制线路的设计理念，采用图形符号的连接图形式直观形象地表达了电气线路的控制过程。

图9-1所示为典型电气控制线路与三菱PLC梯形图的对应关系。

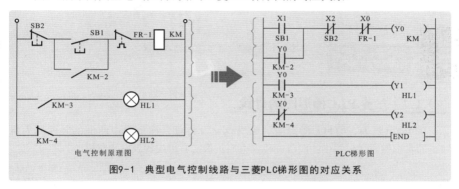

图9-1 典型电气控制线路与三菱PLC梯形图的对应关系

图9-2所示为三菱PLC梯形图与PLC输入、输出端子外接物理部件的关联关系。

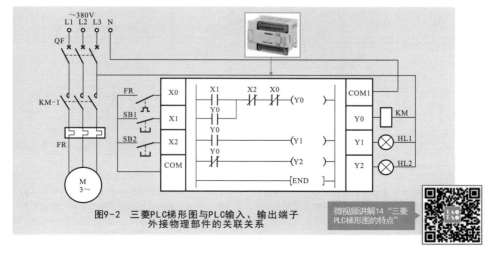

图9-2 三菱PLC梯形图与PLC输入、输出端子
外接物理部件的关联关系

微视频讲解14"三菱
PLC梯形图的特点"

图9-3所示为三菱PLC梯形图的结构组成。三菱PLC梯形图也主要由母线、触点、线圈构成。

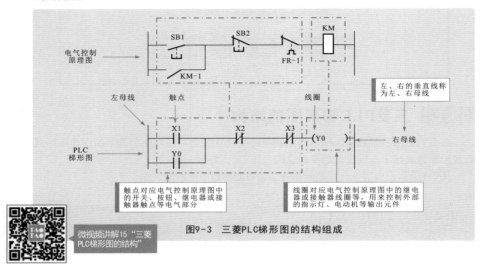

电气控制原理图

左母线　触点　　　　　　　　　　　　线圈

左、右的垂直线称为左、右母线

右母线

PLC梯形图

触点对应电气控制原理图中的开关、按钮、继电器或接触器触点等电气部分

线圈对应电气控制原理图中的继电器或接触器线圈等，用来控制外部的指示灯、电动机等输出元件

微视频讲解15 "三菱PLC梯形图的结构"

图9-3　三菱PLC梯形图的结构组成

9.1.1 | 三菱PLC梯形图的母线

图9-4所示为三菱PLC梯形图的母线含义及特点。梯形图中两侧的竖线称为母线。通常都假设梯形图中的左母线代表电源正极，右母线代表电源负极。

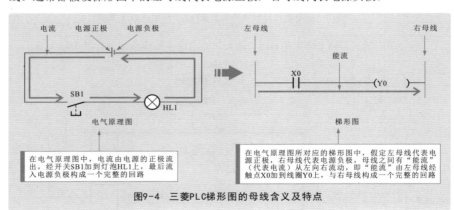

电流　电源正极　电源负极

SB1　　　HL1

电气原理图

左母线　　　　　　　　　　　右母线

能流

梯形图

在电气原理图中，电流由电源的正极流出，经开关SB1加到灯泡HL1上，最后流入电源负极构成一个完整的回路

在电气原理图所对应的梯形图中，假定左母线代表电源正极，右母线代表电源负极，母线之间有"能流"（代表电流）从左向右流动，即"能流"由左母线经触点X0加到线圈Y0上，与右母线构成一个完整的回路

图9-4　三菱PLC梯形图的母线含义及特点

补充说明

能流不是真实存在的物理量，它是为理解、分析和设计梯形图而假想出来的类似"电流"的一种形象表示。梯形图中的能流只能从左向右流动，该原则不仅对理解和分析梯形图很有帮助，在进行设计时也起到了关键的作用。

能流是一种假想的"能量流"或"电流"，在梯形图中从左向右流动，与执行用户程序时的逻辑运算的顺序一致。图9-5所示为能流示意图。

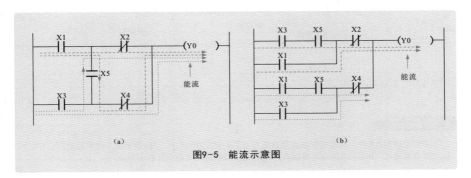

图9-5 能流示意图

9.1.2 三菱PLC梯形图的触点

图9-6所示为三菱PLC梯形图的触点含义及特点。触点是PLC梯形图中构成控制条件的元件。在PLC的梯形图中有两类触点，分为常开触点和常闭触点，触点的通/断情况与触点的逻辑赋值有关。

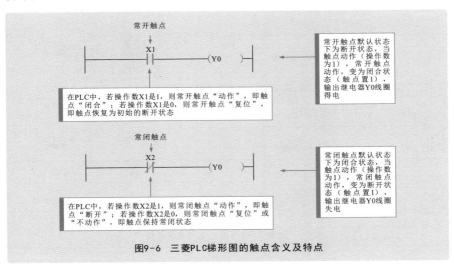

图9-6 三菱PLC梯形图的触点含义及特点

PLC梯形图上的连线代表各"触点"的逻辑关系，在PLC内部不存在这种连线，而采用逻辑运算来表征逻辑关系。某些"触点"或支路接通，并不存在电流流动，而是代表支路的逻辑运算取值或结果为1。

触点的逻辑赋值及状态见表9-1。

表9-1 触点的逻辑赋值及状态

触点符号	代表含义	逻辑赋值	状态	常用地址符号
‖	常开触点	0或OFF	断开	X、Y、M、T、C
		1或ON	闭合	
⫫	常闭触点	0或OFF	闭合	
		1或ON	断开	

补充说明

　　不同品牌的PLC中，其梯形图触点字符符号不同。在三菱PLC中，用X表示输入继电器触点，Y表示输出继电器触点，M表示通用继电器触点，T表示定时器触点，C表示计数器触点。

9.1.3 三菱PLC梯形图的线圈

　　图9-7所示为三菱PLC梯形图的线圈含义及特点。线圈是PLC梯形图中执行控制结果的元件。PLC梯形图中的线圈种类很多，如输出继电器线圈、辅助继电器线圈、定时器线圈等。

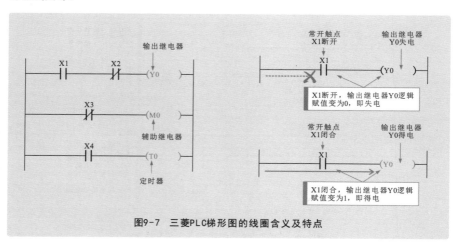

图9-7 三菱PLC梯形图的线圈含义及特点

　　线圈与继电器控制电路中的线圈相同，当有电流（能流）流过线圈时，则线圈操作数置1，线端得电；若无电流流过线圈，则线圈操作数复位（置0）。

　　图9-8所示为线圈得/失电的特点。在PLC梯形图中，线圈通/断情况与线圈的逻辑赋值有关，若逻辑赋值为0，线圈失电；若逻辑赋值为1，线圈得电。

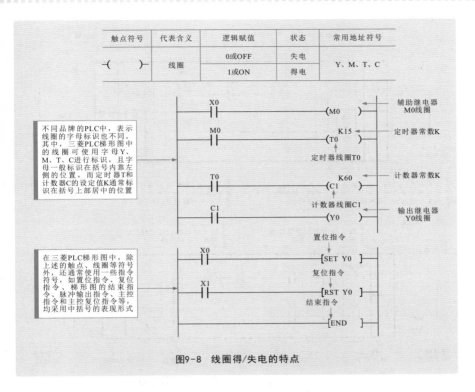

触点符号	代表含义	逻辑赋值	状态	常用地址符号
—( )—	线圈	0或OFF	失电	Y、M、T、C
		1或ON	得电	

不同品牌的PLC中，表示线圈的字母标识也不同。其中，三菱PLC梯形图中的线圈可使用字母Y、M、T、C进行标识，且字母一般标识在括号内靠左侧的位置，而定时器T和计数器C的设定值K通常标识在括号上部居中的位置

在三菱PLC梯形图中，除上述的触点、线圈等符号外，还通常使用一些指令符号，如置位指令、复位指令、梯形图的结束指令、脉冲输出指令、主控指令和主控复位指令等，均采用中括号的表现形式

图9-8 线圈得/失电的特点

9.2 三菱PLC梯形图的编程元件

三菱PLC梯形图内的图形和符号代表许多不同功能的元件。这些图形和符号并不是真正的物理元件，而是指在PLC编程时使用的输入/输出端子所对应的存储区，以及内部的存储单元、寄存器等，属于软元件，即编程元件。

在三菱PLC梯形图中，X代表输入继电器，是由输入电路和输入映像寄存器构成的，用于给PLC直接输入物理信号；Y代表输出继电器，是由输出电路和输出映像寄存器构成的，用于从PLC直接输出物理信号；T代表定时器；M代表辅助继电器；C代表计数器；S代表状态继电器；D代表数据寄存器，它们都用于PLC内部的运算。

9.2.1 三菱PLC梯形图的输入/输出继电器

图9-9所示为三菱PLC梯形图中的输入/输出继电器。

输入继电器常使用字母X标识，与PLC的输入端子相连；输出继电器常使用字母Y标识，与PLC的输出端子相连。

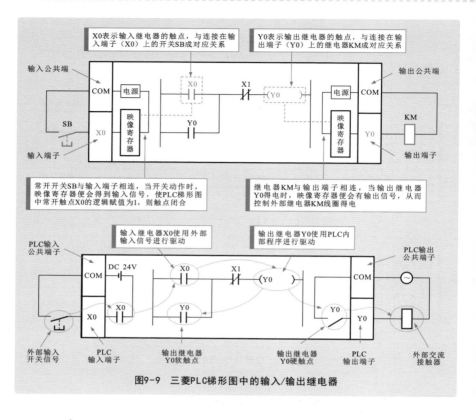

图9-9　三菱PLC梯形图中的输入/输出继电器

9.2.2 │ 三菱PLC梯形图的定时器

PLC梯形图中的定时器相当于电气控制线路中的时间继电器，常使用字母T标识。三菱PLC中，不同系列的定时器的具体类型不同。

以三菱FX$_{2N}$系列PLC定时器为例，图9-10所示为三菱FX$_{2N}$系列PLC梯形图中定时器的参数及特点。

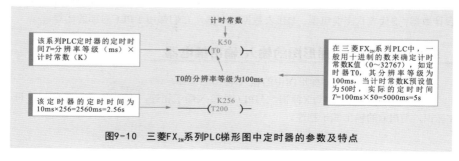

图9-10　三菱FX$_{2N}$系列PLC梯形图中定时器的参数及特点

补充说明

三菱FX$_{2N}$系列PLC定时器可分为通用型定时器和累计型定时器两种。

该系列PLC定时器的定时时间为

$$T=分辨率等级（ms）×计时常数（K）$$

不同类型、不同号码的定时器所对应的分辨率等级也有所不同，见表9-2。

表9-2　不同类型、不同号码的定时器所对应的分辨率等级

定时器类型	定时器号码	分辨率等级	定时范围
通用型定时器	T0～T199	100ms	0.1～3276.7s
	T200～T245	10ms	0.01～328.67s
累计型定时器	T246～T249	1ms	0.001～32.767s
	T250～T255	100ms	0.1～3276.7s

1　通用型定时器

图9-11所示为通用型定时器的内部结构及工作原理图。通用型定时器的线圈得电或失电后，经一段时间延时，触点才会相应动作，当输入电路断开或停电时，定时器不具有断电保持功能。

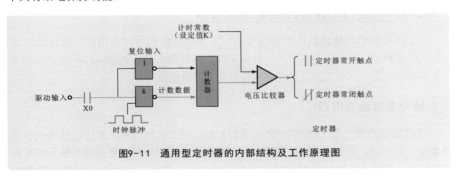

图9-11　通用型定时器的内部结构及工作原理图

补充说明

输入继电器触点X0闭合，将计数数据送入计数器中，计数器从零开始对时钟脉冲进行计数。

当计数值等于计时常数（设定值K）时，电压比较器输出端输出控制信号来控制定时器常开触点、常闭触点相应动作。

当输入继电器触点X0断开或停电时，计数器复位，定时器常开触点、常闭触点也相应复位。

2　累计型定时器

图9-12所示为累计型定时器的内部结构及工作原理图。累计型定时器与通用型定时器不同的是，累计型定时器在定时过程中断电或输入电路断开时，具有断电保持功能，能够保持当前计数值；当通电或输入电路闭合时，累计型定时器会在保持当前计数值的基础上继续累计计数。

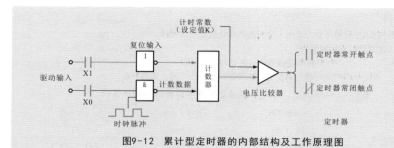

图9-12 累计型定时器的内部结构及工作原理图

补充说明

　　输入继电器触点X0闭合，将计数数据送入计数器中，计数器从零开始对时钟脉冲进行计数。

　　当定时器计数值未达到计时常数（设定值K）时，输入继电器触点X0断开或断电，计数器可保持当前计数值；当输入继电器触点X0再次闭合或通电时，计数器在当前值的基础上开始累计计数；当累计计数值等于计时常数（设定值K）时，电压比较器输出端输出控制信号来控制定时器常开触点、常闭触点相应动作。

　　当复位输入触点X1闭合时，计数器计数值复位，其定时器常开触点、常闭触点也相应复位。

9.2.3 │ 三菱PLC梯形图的辅助继电器

　　PLC梯形图中的辅助继电器相当于电气控制线路中的中间继电器，常使用字母M标识，是PLC编程中应用较多的一种软元件。辅助继电器根据功能的不同可分为通用型辅助继电器、保持型辅助继电器和特殊型辅助继电器三种。

1 通用型辅助继电器

　　通用型辅助继电器（M0～M499）在PLC中常用于辅助运算、移位运算等，不具备断电保持功能，即在PLC运行过程中突然断电时，通用型辅助继电器线圈全部变为OFF状态；当PLC再次接通电源时，由外部输入信号控制的通用型辅助继电器变为ON状态，其余通用型辅助继电器均保持OFF状态。

　　图9-13所示为通用型辅助继电器的特点。

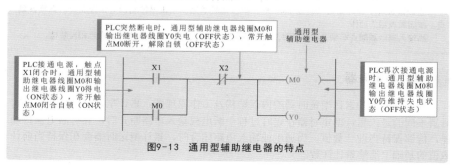

图9-13 通用型辅助继电器的特点

2 保持型辅助继电器

保持型辅助继电器（M500～M3071）能够记忆电源中断前的瞬时状态，当PLC运行过程中突然断电时，保持型辅助继电器可使用备用锂电池对其映像寄存器中的内容进行保持，再次接通电源后，保持型辅助继电器线圈仍保持断电前的瞬时状态。

图9-14所示为保持型辅助继电器的特点。

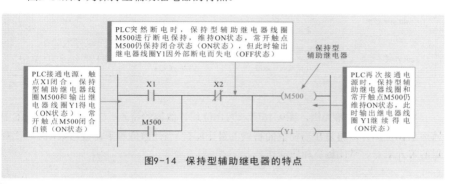

图9-14　保持型辅助继电器的特点

3 特殊型辅助继电器

特殊型辅助继电器（M8000～M8255）具有特殊功能，如设定计数方向、禁止中断、PLC的运行方式、步进顺控等。

图9-15所示为特殊型辅助继电器的特点。

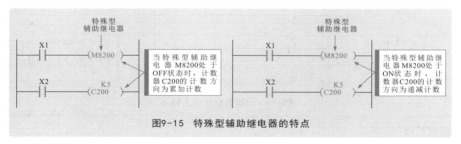

图9-15　特殊型辅助继电器的特点

9.2.4 三菱PLC梯形图的计数器

三菱FX$_{2N}$系列PLC梯形图中的计数器常使用字母C进行标识。根据记录开关量的频率可分为内部计数器和外部高速计数器。

1 内部计数器

内部计数器是用来对PLC内部软元件X、Y、M、S、T提供的信号进行计数的，当计数值达到计数器的设定值时，计数器的常开、常闭触点会相应动作。

内部计数器可分为16位加计数器和32位加/减计数器，这两种类型的计数器又可分为通用型计数器和累计型计数器两种，见表9-3。

表9-3　内部计数器的相关参数信息

计数器类型	计数器功能类型	计数器编号	设定值范围
16位加计数器	通用型计数器	C0～C99	1～32767
	累计型计数器	C100～C199	
32位加/减计数器	通用型双向计数器	C200～C219	−2147483648～+2147483647
	累计型双向计数器	C220～C234	

以16位加计数器为例，图9-16所示为16位加计数器的特点。三菱FX_{2N}系列PLC中通用型16位加计数器是在当前值的基础上累计加1，当计数值等于计数常数K时，计数器的常开触点、常闭触点相应动作。

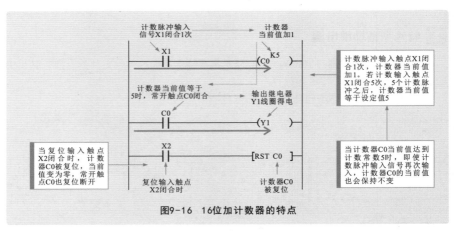

图9-16　16位加计数器的特点

<table>
<tr><td>补充说明</td></tr>
</table>

　　累计型16位加计数器与通用型16位加计数器的工作过程基本相同，不同的是，累计型计数器在计数过程中断电时，计数器具有断电保持功能，能够保持当前计数值；当通电时，计数器会在所保持当前计数值的基础上继续累计计数。

在三菱FX_{2N}系列PLC中，32位加/减计数器具有双向计数功能，计数方向由特殊型辅助继电器M8200～M8234进行设定。当特殊型辅助继电器为OFF状态时，其计数器的计数方向为加计数；当特殊型辅助继电器为ON状态时，其计数器的计数方向为减计数。

图9-17所示为32位加/减计数器的特点。

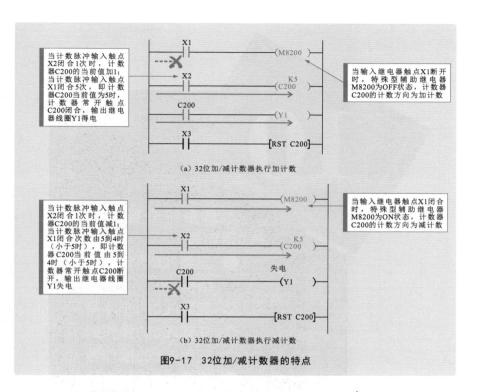

图9-17　32位加/减计数器的特点

2 外部高速计数器

外部高速计数器简称高速计数器，在三菱FX$_{2N}$系列PLC中高速计数器共有21点，元件范围为C235~C255，其类型主要有1相1计数输入高速计数器、1相2计数输入高速计数器和2相2计数输入高速计数器三种，均为32位加/减计数器，设定值为-2147483648~+2147483647，计数方向也由特殊型辅助继电器或指定的输入端子进行设定。表9-4所示为外部高速计数器的参数及特点。

表9-4　外部高速计数器的参数及特点

计数器类型	计数器功能类型	计数器编号	计数方向
1相1计数输入高速计数器	具有一个计数器输入端的计数器	C235~C245	取决于M8235~M8245的状态
1相2计数输入高速计数器	具有两个计数器输入端的计数器，分别用于加计数和减计数	C246~C250	取决于M8246~M8250的状态
2相2计数输入高速计数器	也称A-B相型高速计数器，共有5点	C251~C255	取决于A相和B相的信号

10

本章系统介绍三菱PLC语句表。

● 三菱PLC语句表的结构
◇ 三菱PLC的步序号
◇ 三菱PLC的操作码
◇ 三菱PLC的操作数
● 三菱PLC语句表的特点
◇ 三菱PLC梯形图与语句表的关系
◇ 三菱PLC语句表的编写特点

第10章

三菱PLC语句表

10.1 三菱PLC语句表的结构

图10-1所示为三菱PLC语句表的结构。三菱PLC语句表主要是由步序号、操作码和操作数构成的。

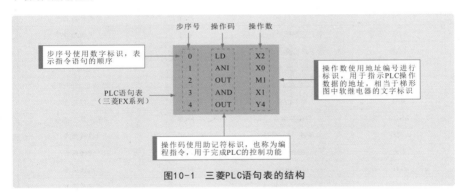

图10-1　三菱PLC语句表的结构

10.1.1 三菱PLC的步序号

图10-2所示为利用PLC语句表步序号读取PLC内程序指令。

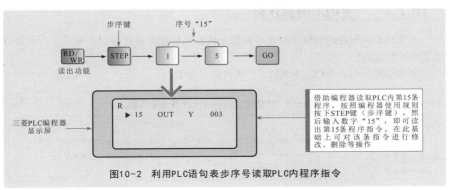

图10-2　利用PLC语句表步序号读取PLC内程序指令

步序号是三菱语句表中表示程序顺序的序号,一般用阿拉伯数字标识。在实际编写语句表程序时,可利用编程器读取或删除指定步序号的程序指令,以完成对PLC语句表的读取、修改等。

10.1.2 三菱PLC的操作码

三菱PLC语句表中的操作码使用助记符进行标识,也称为编程指令,用于完成PLC的控制功能。三菱PLC中,不同系列的PLC所采用的操作码不同,具体可以根据产品说明进行了解,这里以三菱FX系列PLC为例进行介绍。表10-1所示为三菱FX系列PLC中常用的助记符。

表10-1 三菱FX系列PLC中常用的助记符

助记符	功　能	助记符	功　能
LD	读指令	ANB	电路块与指令
LDI	读反指令	ORB	电路块或指令
LDP	读上升沿脉冲指令	SET	置位指令
LDF	读下降沿脉冲指令	RST	复位指令
OUT	输出指令	PLS	上升沿脉冲指令
AND	与指令	PLF	下降沿脉冲指令
ANI	与非指令	MC	主控指令
ANDP	与脉冲指令	MCR	主控复位指令
ANDF	与脉冲（F）指令	MPS	进栈指令
OR	或指令	MRD	读栈指令
ORI	或非指令	MPP	出栈指令
ORP	或脉冲指令	INV	取反指令
ORF	或脉冲（F）指令	NOP	空操作指令
OUT	线圈驱动指令	END	结束指令

10.1.3 三菱PLC的操作数

三菱PLC语句表中的操作数使用编程元件的地址编号进行标识,即用于指示执行该指令的数据地址。

表10-2所示为三菱FX_{2N}系列PLC中常用的操作数。

表10-2 三菱FX_{2N}系列PLC中常用的操作数

名　称	操作数	操作数范围
输入继电器	X	X000～X007、X010～X017、X020～X027（共24点,可附加扩展模块进行扩展）
输出继电器	Y	Y000～Y007、Y010～Y017、Y020～Y027（共24点,可附加扩展模块进行扩展）
辅助继电器	M	M0～M499（500点）

续表

名 称	操作数	操作数范围	
定时器	T	0.1~999s	T0~T199（200点）
		0.01~99.9s	T200~T245（46点）
		1ms累计定时器	T246~T249（4点）
		100ms累计定时器	T250~T255（6点）
计数器	C	C0~C99（16位通用型）、C100~C199（16位累计型） C200~C219（32位通用型）、C220~C234（32位累计型）	
状态寄存器	S	S0~S499（500点通用型）、S500~S899（400点保持型）	
数据寄存器	D	D0~D199（200点通用型）、D200~D511（312点保持型）	

10.2 三菱PLC语句表的特点

10.2.1 三菱PLC梯形图与语句表的关系

图10-3所示为三菱PLC梯形图与语句表的对应关系。三菱PLC梯形图中的每一条语句都与语句表中若干条语句相对应，且每一条语句中的每一个触点、线圈都与PLC语句表中的操作码和操作数相对应。

除此之外，梯形图中的重要分支点，如并联电路块串联、串联电路块并联、进栈、读栈、出栈触点处等，在语句表中也会通过相应指令指示出来。

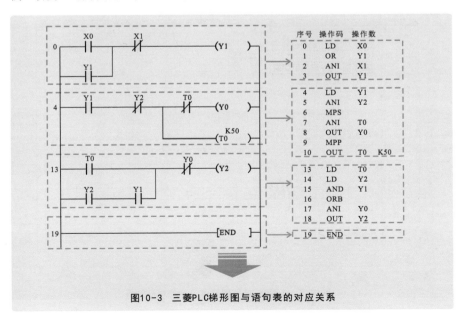

图10-3 三菱PLC梯形图与语句表的对应关系

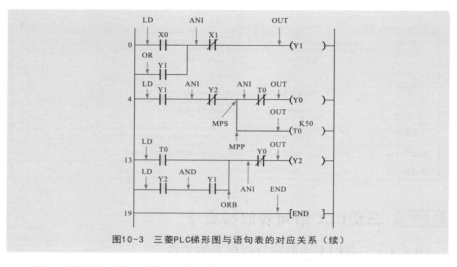

图10-3 三菱PLC梯形图与语句表的对应关系（续）

图10-4所示为三菱PLC梯形图与语句表的对应关系。三菱PLC梯形图中的每一条语句在很多PLC编程软件中都具有PLC梯形图和PLC语句表的互换功能。通过"梯形图/指令表显示切换"按钮即可实现PLC梯形图和语句表之间的转换。值得注意的是，所有的PLC梯形图都可以转换为所对应的语句表，但并不是所有的语句表都可以转换为所对应的梯形图。

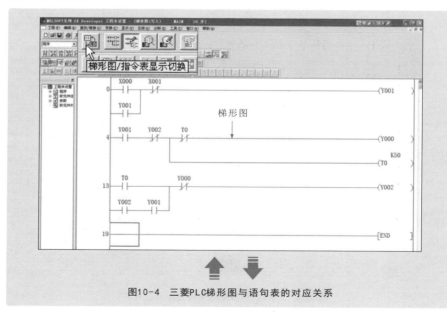

图10-4 三菱PLC梯形图与语句表的对应关系

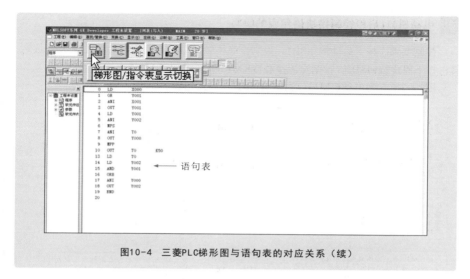

图10-4 三菱PLC梯形图与语句表的对应关系（续）

10.2.2 三菱PLC语句表的编写特点

以电动机顺序启动控制程序为例，在进行语句表编程时，根据控制要求可知，输入设备主要包括3个控制信号的输入，即启动按钮SB1、停止按钮SB2、热继电器触点FR，因此，应有3个输入信号。

输出设备主要包括2个接触器，即控制电动机M1的交流接触器KM1、控制电动机M2的交流接触器KM2，因此，应有2个输出信号。

将输入设备和输出设备的元件编号与三菱PLC语句表中的操作数（编程元件的地址编号）进行对应，填写三菱PLC的I/O分配表，见表10-3。

表10-3 三菱PLC的I/O分配表

输入信号及地址编号			输出信号及地址编号		
名 称	代号	输入点地址编号	名 称	代号	输出点地址编号
热继电器触点	FR	X0	控制电动机M1的交流接触器	KM1	Y0
启动按钮	SB1	X1	控制电动机M2的交流接触器	KM2	Y1
停止按钮	SB2	X2			

电动机顺序启动控制模块划分和I/O分配表填写完成后，便可根据各模块的控制要求进行语句表的编写，最后将各模块语句表进行组合。

1 电动机M1启停控制模块语句表的编写

控制要求：按下启动按钮SB1，控制交流接触器KM1得电，电动机M1启动连续运转；按下停止按钮SB2，控制交流接触器KM1失电，电动机M1停止连续运转。

图10-5所示为电动机M1启动和停机控制模块语句表的编程。

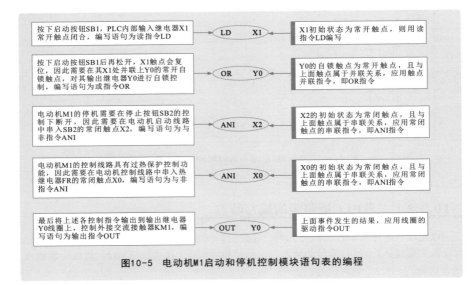

图10-5　电动机M1启动和停机控制模块语句表的编程

2 时间控制模块语句表的编写

控制要求：电动机M1启动运转后，开始5s计时。

图10-6所示为时间控制模块语句表的编程。

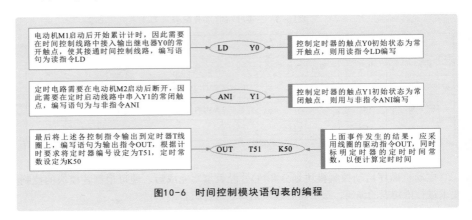

图10-6　时间控制模块语句表的编程

3 电动机M2启停控制模块语句表的编写

控制要求：定时时间到，控制交流接触器KM2得电，电动机M2启动连续运转；按下停止按钮SB2，控制交流接触器KM2失电，电动机M2停止连续运转。

图10-7所示为电动机M2启动和停机控制模块语句表的编程。

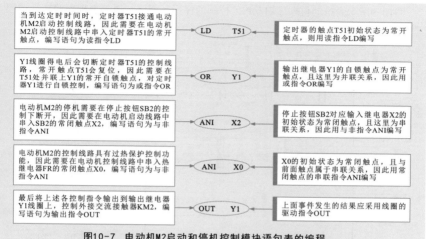

图10-7 电动机M2启动和停机控制模块语句表的编程

4 3个控制模块语句表的组合

根据各模块的先后顺序，将上述3个控制模块组合完成后，添加PLC语句表的结束指令，然后分析编写完成的语句表并进行调整，最终完成整个系统的语句表编程工作。图10-8所示为最终的电动机顺序启动的PLC控制程序。

LD	X1		//如果按下启动按钮SB1
OR	Y0		//启动运行自锁
ANI	X2		//并且停止按钮SB2未动作
ANI	X0		//并且热继电器FR热元件未动作
OUT	Y0		//电动机M1交流接触器KM1得电，电动机M1启动运转
LD	Y0		//如果电动机M1交流接触器KM1得电
ANI	Y1		//并且电动机M2交流接触器KM2未动作
OUT	T51	K50	//启动定时器，开始5s计时
LD	T51		//如果定时器T51得电
OR	Y1		//启动运行自锁
ANI	X2		//并且停止按钮SB2未动作
ANI	X0		//并且热继电器FR热元件未动作
OUT	Y1		//电动机M2交流接触器KM2得电，电动机M2启动运转
END			//程序结束

图10-8 最终的电动机顺序启动的PLC控制程序

　　直接使用指令进行语句表编程比较抽象，对于初学者而言比较困难，因此在编写三菱PLC语句表时，可与梯形图语言配合使用，先编写梯形图程序，然后按照编程指令的应用规则进行逐条转换。

　　例如，在上述电动机顺序启动的PLC控制中，根据控制要求很容易编写出十分直观的梯形图，然后按照指令规则进行语句表的转换。

　　图10-9所示为电动机顺序启动PLC控制的梯形图程序与语句表程序的转换过程。

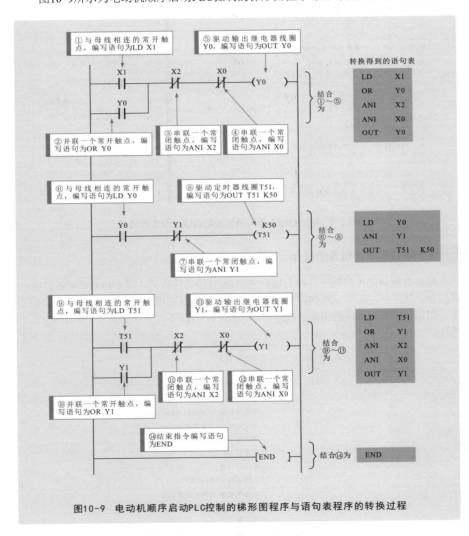

图10-9　电动机顺序启动PLC控制的梯形图程序与语句表程序的转换过程

11

本章系统介绍三菱PLC编程。
- 三菱PLC的基本逻辑指令
- 三菱PLC的实用逻辑指令
- 三菱PLC的基本传送指令
- 三菱PLC的比较指令
- 三菱PLC的数据处理指令
- 三菱PLC的循环和移位
  指令
- 三菱PLC的算术指令
- 三菱PLC的逻辑运算指令
- 三菱PLC的浮点数运算
  指令
- 三菱PLC的程序流程指令

第11章

三菱PLC编程

11.1　三菱PLC的基本逻辑指令

　　以三菱FX_{2N}系列PLC程序指令为例，基本逻辑指令是三菱PLC指令系统中最基本、最关键的指令，是编写三菱PLC程序时应用最多的指令。

11.1.1　三菱PLC的逻辑读、读反和输出指令

　　逻辑读、读反和输出指令包括LD、LDI和OUT三个基本指令，图11-1所示为逻辑读、读反和输出指令的含义。

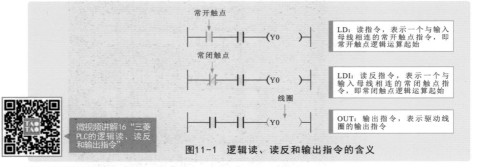

微视频讲解16 "三菱PLC的逻辑读、读反和输出指令"

常开触点

LD：读指令，表示一个与输入母线相连的常开触点指令，即常开触点逻辑运算起始

常闭触点

LDI：读反指令，表示一个与输入母线相连的常闭触点指令，即常闭触点逻辑运算起始

线圈

OUT：输出指令，表示驱动线圈的输出指令

图11-1　逻辑读、读反和输出指令的含义

补充说明

　　读指令LD和读反指令LDI通常用于每条电路的第一个触点，用于将触点接到输入母线上；而输出指令OUT则是用于对输出继电器、辅助继电器、定时器、计数器等线圈的驱动，但不能用于对输入继电器的驱动使用。图11-2所示为逻辑读和输出指令的应用。

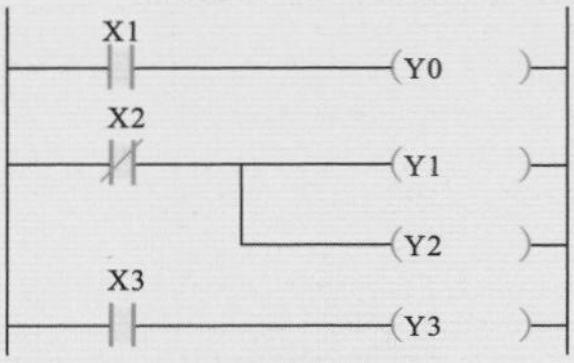

步序号	操作码	操作数	
0	LD	X1	读指令LD，常开触点X1，与输入母线相连
1	OUT	Y0	输出指令OUT，驱动线圈Y0
2	LDI	X2	读反指令LDI，常闭触点X2，与输入母线相连
3	OUT	Y1	输出指令OUT，驱动线圈Y1
4	OUT	Y2	输出指令OUT，驱动线圈Y2
5	LD	X3	读指令LD，常开触点X3，与输入母线相连
6	OUT	Y3	输出指令OUT，驱动线圈Y3

（a）梯形图　　　　　　　　　（b）语句表

图11-2　逻辑读和输出指令的应用

11.1.2 | 三菱PLC的与指令和与非指令

与指令和与非指令也称为触点串联指令，包括AND、ANI两个基本指令。图11-3所示为与指令和与非指令的含义。

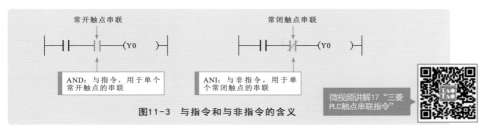

图11-3 与指令和与非指令的含义

与指令AND和与非指令ANI可控制触点进行简单的串联，其中AND用于常开触点的串联，ANI用于常闭触点的串联，其串联触点的个数没有限制，该指令可以多次重复使用。图11-4所示为与指令和与非指令的应用。

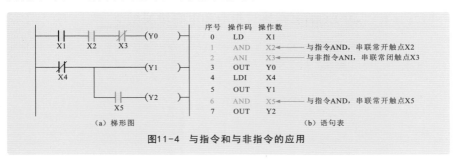

图11-4 与指令和与非指令的应用

11.1.3 | 三菱PLC的或指令和或非指令

或指令和或非指令也称为触点并联指令，包括OR、ORI两个基本指令。图11-5所示为或指令和或非指令的含义。

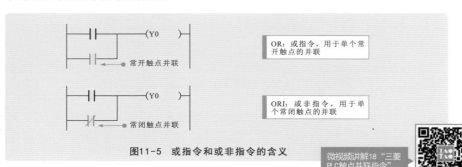

图11-5 或指令和或非指令的含义

或指令OR和或非指令ORI可控制触点进行简单的并联，其中OR用于常开触点的并联，ORI用于常闭触点的并联，其并联触点的个数没有限制，该指令可以多次重复使用。图11-6所示为或指令和或非指令的应用。

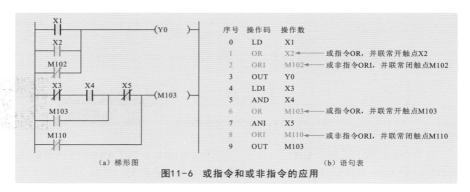

图11-6 或指令和或非指令的应用

11.1.4 | 三菱PLC的电路块与指令和电路块或指令

电路块与指令和电路块或指令称为电路块连接指令，包括ANB、ORB两个基本指令。图11-7所示为电路块与指令和电路块或指令的含义。

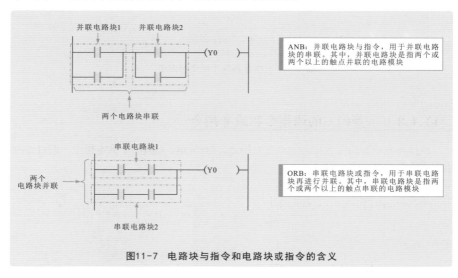

图11-7 电路块与指令和电路块或指令的含义

电路块与指令ANB是一种无操作数的指令。当这种电路块之间进行串联时，分支的开始用LD、LDI指令，并联结束后分支的结果用ANB指令，该指令编程方法对串联电路块的个数没有限制。图11-8所示为电路块与指令的应用。

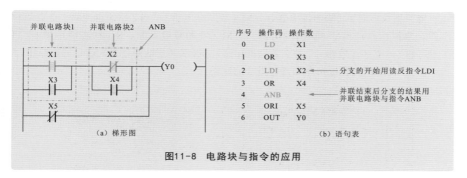

图11-8 电路块与指令的应用

电路块或指令ORB是一种无操作数的指令。当这种电路块之间进行并联时，分支的开始用LD、LDI指令，串联结束后分支的结果用ORB指令，该指令编程方法对并联电路块的个数没有限制。图11-9所示为电路块或指令的应用。

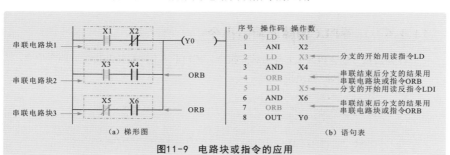

图11-9 电路块或指令的应用

三菱PLC指令语句表中电路块连接指令混合应用时，无论是并联电路块还是串联电路块，分支的开始都是用LD、LDI指令，且当并联或串联结束后分支的结果使用ANB或ORB指令。

11.1.5 三菱PLC的置位指令和复位指令

置位指令和复位指令是指SET指令和RST指令。图11-10所示为置位指令和复位指令的含义。

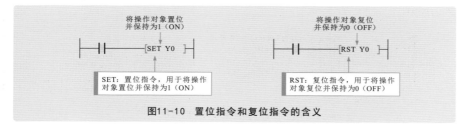

图11-10 置位指令和复位指令的含义

置位指令可对Y（输出继电器）、M（辅助继电器）、S（状态继电器）进行置位操作。复位指令可对Y（输出继电器）、M（辅助继电器）、S（状态继电器）、T（定时器）、C（计数器）、D（数据寄存器）和V/Z（变址寄存器）进行复位操作。

图11-11所示为置位指令和复位指令的应用。

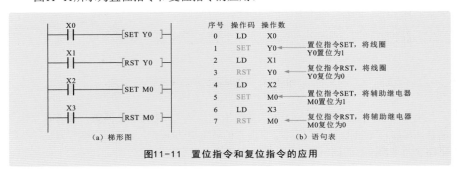

图11-11 置位指令和复位指令的应用

11.1.6 │ 三菱PLC的脉冲输出指令

脉冲输出指令包含PLS（上升沿脉冲指令）和PLF（下降沿脉冲指令）两个指令。

图11-12所示为脉冲输出指令的含义。

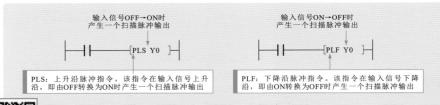

图11-12 脉冲输出指令的含义

微视频讲解19"三菱PLC脉冲输出指令"

使用上升沿脉冲指令PLS，线圈Y或M仅在驱动输入闭合后（上升沿）的一个扫描周期内动作，执行脉冲输出；使用下降沿脉冲指令PLF，线圈Y或M仅在驱动输入断开后（下降沿）的一个扫描周期内动作，执行脉冲输出。图11-13所示为脉冲输出指令的应用。

序号	操作码	操作数
0	LD	X0
1	PLS	Y0
2	LD	X1
3	PLF	Y1

上升沿脉冲指令PLS，Y0在X0闭合后（上升沿）的一个扫描周期内产生一个脉冲输出信号

下降沿脉冲指令PLF，Y1在X1断开后（下降沿）的一个扫描周期内产生一个脉冲输出信号

（a）梯形图　　　　　（b）语句表

图11-13 脉冲输出指令的应用

11.1.7 │ 三菱PLC的读脉冲指令

读脉冲指令包含LDP（读上升沿脉冲）和LDF（读下降沿脉冲）两个指令。

图11-14所示为读脉冲指令的含义。

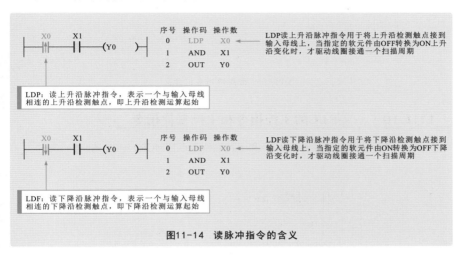

图11-14 读脉冲指令的含义

11.1.8 │ 三菱PLC的与脉冲指令

图11-15所示为与脉冲指令的含义。与脉冲指令包含ANDP（与上升沿脉冲）和ANDF（与下降沿脉冲）两个指令。

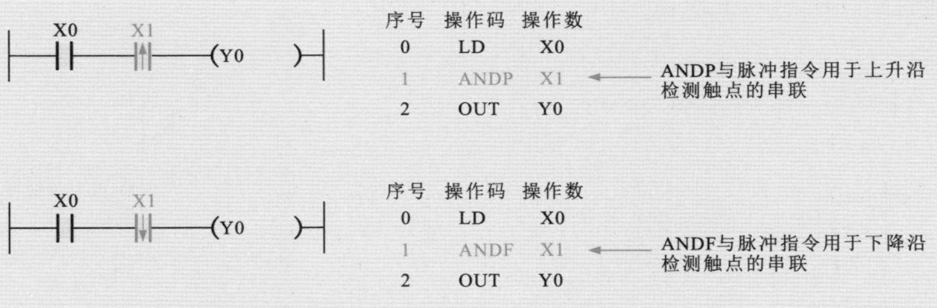

图11-15 与脉冲指令的含义

11.1.9 │ 三菱PLC的或脉冲指令

图11-16所示为或脉冲指令的含义。或脉冲指令包含ORP（或上升沿脉冲）和ORF（或下降沿脉冲）两个指令。

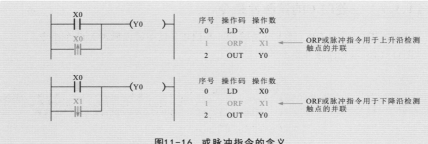

图11-16　或脉冲指令的含义

11.1.10 | 三菱PLC的主控指令和主控复位指令

图11-17所示为主控指令（MC）和主控复位指令（MCR）的含义。

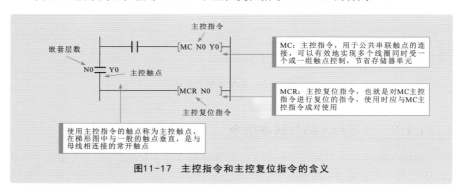

图11-17　主控指令和主控复位指令的含义

图11-18所示为主控指令和主控复位指令的应用。

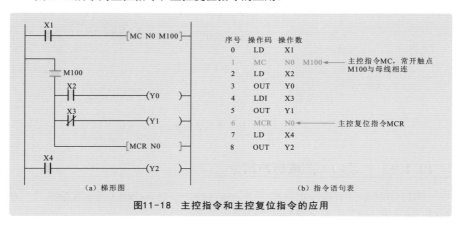

（a）梯形图　　　　　　　　　　（b）指令语句表

图11-18　主控指令和主控复位指令的应用

补充说明

在典型主控指令与主控复位指令的应用中，主控指令即为借助辅助继电器M100，在其常开触点后新加上一条子母线，该母线后的所有触点与它之间都用LD或LDI连接，当M100控制的逻辑行执行结束后，应用主控复位指令MCR结束子母线，后面的触点仍与主母线进行连接。从图11-18中可看出当X1闭合后，执行MC与MCR之间的指令；当X1断开后，将跳过MC主控指令控制的梯形图语句模块，直接执行下面的语句。

11.2 三菱PLC的实用逻辑指令

11.2.1 三菱PLC的栈存储器指令

三菱FX系列PLC中有11个存储运算中间结果的存储器，被称为栈存储器。

栈存储器指令包括进栈指令（MPS）、读栈指令（MRD）和出栈指令（MPP），这三种指令也称为多重输出指令。图11-19所示为栈存储器指令的含义。

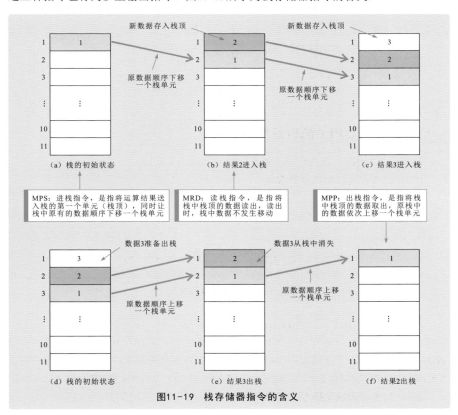

图11-19 栈存储器指令的含义

进栈指令MPS将多重输出电路中的连接点处的数据先存储在栈中，然后再使用读栈指令MRD将连接点处的数据从栈中读出，最后使用出栈指令MPP将连接点处的数据读出。图11-20所示为多重输出指令的应用。

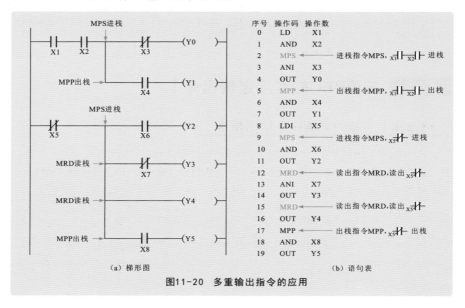

图11-20　多重输出指令的应用

11.2.2　三菱PLC的取反指令

取反指令（INV）是指将执行指令之前的运算结果取反。

图11-21所示为取反指令的含义。

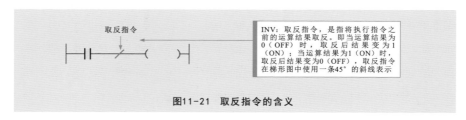

图11-21　取反指令的含义

使用取反指令INV后，当X1闭合（逻辑赋值为1）时，取反后为断开状态（0），线圈Y0不得电；当X1断开时（逻辑赋值为0），取反后为闭合状态（1），此时线圈Y0得电；当X2闭合（逻辑赋值为0）时，取反后为断开状态（1），线圈Y0不得电，当X2断开时（逻辑赋值为1），取反后为闭合状态（0），此时线圈Y0得电。

图11-22所示为取反指令的应用。

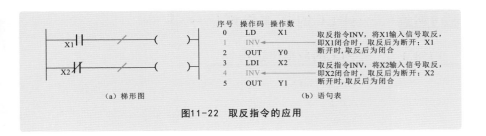

图11-22 取反指令的应用

11.2.3 | 三菱PLC的空操作指令和结束指令

空操作指令（NOP）是一条无动作、无目标元件的指令，主要用于改动或追加程序。图11-23所示为空操作指令的含义。

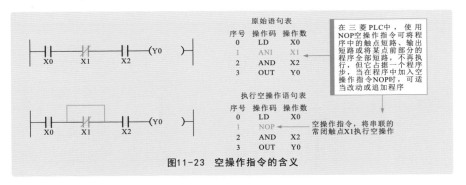

图11-23 空操作指令的含义

结束指令（END）也是一条无动作、无目标元件的指令。图11-24所示为结束指令的含义。

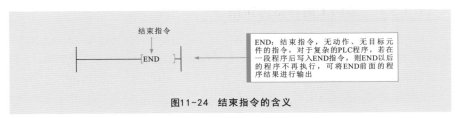

图11-24 结束指令的含义

🞖 补充说明

程序结束指令多应用于复杂程序的调试中，将复杂程序划分为若干段，每段后写入END指令后，可分别检验程序执行是否正常，当所有程序段执行无误后再次删除END指令即可。当程序结束时，应在最后一条程序的下一条线路上加上程序结束指令。

11.3　三菱PLC的基本传送指令

11.3.1　三菱PLC的数据传送指令

数据传送指令（功能码为FNC12）是指将源数据传送到指定的目标地址中。数据传送指令的格式见表11-1。

表11-1　数据传送指令的格式

指令名称	助记符		功能码（处理位数）	源操作数[S·]	目标操作数[D·]	占用程序步数
传送	16位指令	MOV（连续执行型）	MOVP（脉冲执行型）	FNC12（16/32）	K、H、KnX、KnY、KnM、KnS、T、C、D、V、Z	KnY、KnM、KnS、T、C、D、V、Z	5步
	32位指令	DMOV（连续执行型）	DMOVP（脉冲执行型）				9步

图11-25所示为数据传送指令的应用。

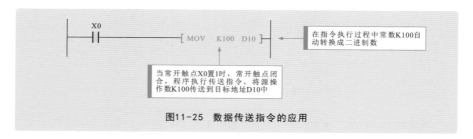

当常开触点X0置1时，常开触点闭合，程序执行传送指令，将源操作数K100传送到目标地址D10中

在指令执行过程中常数K100自动转换成二进制数

图11-25　数据传送指令的应用

11.3.2　三菱PLC的移位传送指令

移位传送指令（功能码为FNC13）是指将二进制源数据自动转换成4位BCD码，再经移位传送后，传送至目标地址，传送后的BCD码数据自动转换成二进制数。移位传送指令的格式见表11-2。

表11-2　移位传送指令的格式

指令名称	助记符	功能码（处理位数）	源操作数[S·]	m_1	m_2	目标操作数[D·]	n	占用程序步数
移位传送	SMOV（连续执行型）	FNC13（16）	K、H、KnX、KnY、KnM、KnS、T、C、D、V、Z	K、H=1~4	K、H=1~4	KnY、KnM、KnS、T、C、D、V、Z	K、H=1~4	11步
	SMOVP（脉冲执行型）							

图11-26所示为移位传送指令的应用。

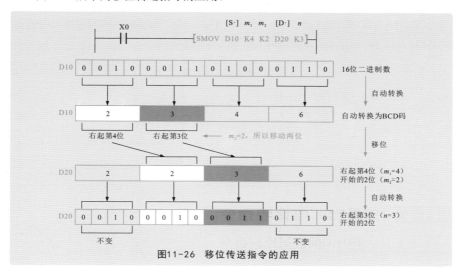

图11-26 移位传送指令的应用

11.3.3 三菱PLC的取反传送指令

取反传送指令（功能码为FNC14）是指将源操作数中的数据逐位取反后，传送到目标地址中。取反传送指令的格式见表11-3。

表11-3 取反传送指令的格式

指令名称	助 记 符		功能码（处理位数）	源操作数[S·]	目标操作数[D·]	占用程序步数
取反传送	16位指令	CML（连续执行型） CMLP（脉冲执行型）	FNC14（16/32）	K、H、KnX、KnY、KnM、KnS、T、C、D、V、Z	KnY、KnM、KnS、T、C、D、V、Z	5步
	32位指令	DCML（连续执行型） DCMLP（脉冲执行型）				13步

图11-27所示为取反传送指令的应用。

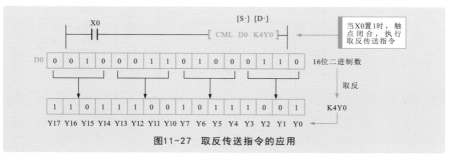

图11-27 取反传送指令的应用

11.3.4 | 三菱PLC的块传送指令

块传送指令（功能码为FNC15）是指将源操作数指定的由n个数据组成的数据块传送到指定的目标地址中。块传送指令的格式见表11-4。

表11-4 块传送指令的格式

指令名称	助记符	功能码（处理位数）	源操作数[S·]	目标操作数[D·]	n	占用程序步数
块传送	BMOV（连续执行型） BMOVP（脉冲执行型）	FNC15（16）	KnX、KnY、KnM、KnS、T、C、D	KnY、KnM、KnS、T、C、D	≤512	7步

11.4 三菱PLC的比较指令

11.4.1 | 三菱PLC的数据比较指令

数据比较指令（功能码为FNC10）用于比较两个源操作数的数值（带符号比较）大小，并将比较结果送至目标地址中。数据比较指令的格式见表11-5。

表11-5 数据比较指令的格式

指令名称	助记符		功能码（处理位数）	源操作数[S1·]	源操作数[S2·]	目标操作数[D·]	占用程序步数
数据比较	16位指令	CMP（连续执行型） CMPP（脉冲执行型）	FNC10（16/32）	K、H、KnX、KnY、KnM、KnS、T、C、D、V、Z		Y、M、S	7步
	32位指令	DCMP（连续执行型） DCMPP（脉冲执行型）					13步

图11-28所示为数据比较指令的应用。

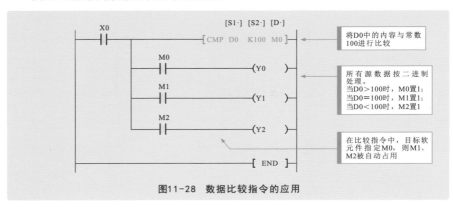

图11-28 数据比较指令的应用

11.4.2 | 三菱PLC的区间比较指令

区间比较指令（功能码为FNC11）是指将源操作数[S·]与两个源数据[S1·]和[S2·]组成的数据区间进行代数比较（即带符号比较），并将比较结果送到目标操作数[D·]中。区间比较指令的格式见表11-6。

表11-6 区间比较指令的格式

指令名称	助 记 符		功能码（处理位数）	源操作数[S1·]、[S2·]、[S·]	目标操作数[D·]	占用程序步数
区间比较	16位指令	ZCP（连续执行型）	ZCPP（脉冲执行型）	FNC11（16/32）	K、H、KnX、KnY、KnM、KnS、T、C、D、V、Z	Y、M、S	9步
	32位指令	DZCP（连续执行型）	DZCPP（脉冲执行型）				17步

图11-29所示为数据比较指令的应用。

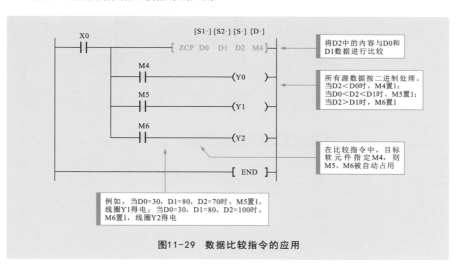

图11-29 数据比较指令的应用

11.5 三菱PLC的数据处理指令

三菱FX$_{2N}$系列PLC的数据处理指令是指进行数据处理的一类指令，主要包括全部复位指令（ZRST）、译码指令（DECO）和编码指令（ENCO）、ON位数指令（SUM）、ON位判断指令（BON）、平均值指令（MEAN）、信号报警置位指令（ANS）和信号报警复位指令（ANR）、二进制数据开方运算指令（SOR）、整数-浮点数转换指令（FLT）。

11.5.1 │ 三菱PLC的全部复位指令

全部复位指令（功能码为FNC40）是指将指定范围内（[D1·]～[D2·]）的同类元件全部复位。全部复位指令的格式见表11-7。

表11-7　全部复位指令的格式

指令名称	助记符	功能码（处理位数）	操作数范围[D1·]～[D2·]	占用程序步数
全部复位	ZRST ZRSTP	FNC40 （16）	Y、M、S、T、C、D [D1·]元件号≤[D2·]元件号	5步

图11-30所示为全部复位指令的应用。

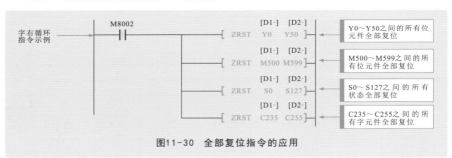

图11-30　全部复位指令的应用

11.5.2 │ 三菱PLC的译码指令和编码指令

译码指令（功能码为FNC41）也称为解码指令，是指根据源数据的数值来控制位元件ON或OFF。

编码指令（功能码为FNC42）是指根据源数据中的十进制数编码为目标元件中的二进制数。

译码指令和编码指令的格式见表11-8。

表11-8　译码指令和编码指令的格式

指令名称	助记符	功能码（处理位数）	操作数范围			占用程序步数
			源操作数[S·]	目标操作数[D·]	n	
译码	DECO DECOP	FNC41 （16）	K、H、X、Y、M、S、T、C、D、V、Z	Y、M、S、T、C、D	K、H： $1 \leq n \leq 8$	7步
编码	ENCO ENCOP	FNC42 （16）	X、Y、M、S、T、C、D、V、Z	T、C、D、V、Z		7步

11.5.3 三菱PLC的ON位数指令

ON位数指令（功能码为FNC43）也称为置1总数统计指令，用于统计指定软元件中置1位的总数。ON位数指令的格式见表11-9。

表11-9 ON位数指令的格式

指令名称	助记符		功能码（处理位数）	源操作数 [S·]	目标操作数 [D·]	占用程序步数
ON位数	16位指令	SUM（连续执行型） SUMP（脉冲执行型）	FNC43 (16/32)	K、H、KnX、KnY、KnM、KnS、T、C、D、V、Z	KnY、KnM、KnS、T、C、D、V、Z	5步
	32位指令	DSUM（连续执行型） DSUMP（脉冲执行型）				9步

图11-31所示为ON位数指令的应用。

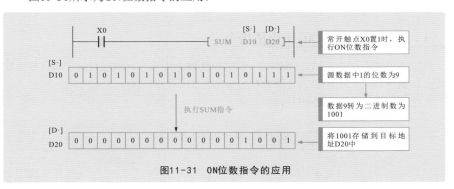

图11-31 ON位数指令的应用

11.5.4 三菱PLC的ON位判断指令

ON位判断指令（功能码为FNC44）用于检测指定软元件中指定的位是否为1。ON位判断指令的格式见表11-10。

表11-10 ON位判断指令的格式

指令名称	助记符		功能码（处理位数）	操作数范围			占用程序步数
				源操作数 [S1·]	目标操作数 [D·]	n	
ON位判断	16位指令	BON（连续执行型） BONP（脉冲执行型）	FNC44 (16/32)	K、H、KnX、KnY、KnM、KnS、T、C、D、V、Z	Y、M、S	16位运算：0≤n≤15 32位运算：0≤n≤31	7步
	32位指令	DBON（连续执行型） DBONP（脉冲执行型）					13步

图11-32所示为ON位判断指令的应用。

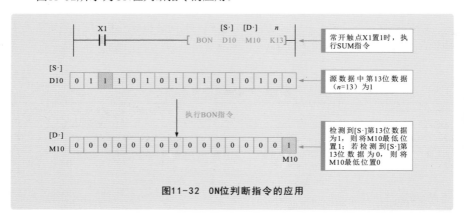

图11-32 ON位判断指令的应用

11.5.5 | 三菱PLC的平均值指令

平均值指令（功能码为FNC45）是指将n个源数据的平均值送到指定的目标地址中。该指令中，平均值是由n个源数据的代数和除以n得到的商，余数省略。

平均值指令的格式见表11-11。

表11-11 平均值指令的格式

指令名称		助记符		功能码（处理位数）	操作数范围			占用程序步数
					源操作数 [S1·]	目标操作数 [D·]	n	
平均值	16位指令	MEAN（连续执行型）	MEANP（脉冲执行型）	FNC45（16/32）	KnX、KnY、KnM、KnS、T、C、D、V、Z	KnY、KnM、KnS、T、C、D、V、Z	K、H：1≤n≤64	7步
	32位指令	DMEAN（连续执行型）	DMEANP（脉冲执行型）					13步

图11-33所示为平均值指令的应用。

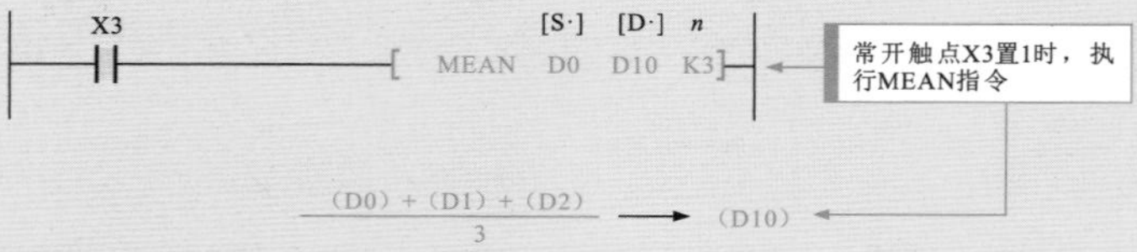

```
    X3                              [S·] [D·]  n
────┤├──────────────────────[ MEAN  D0   D10  K3 ]      常开触点X3置1时，执行MEAN指令
```

$$\frac{(D0)+(D1)+(D2)}{3} \longrightarrow (D10)$$

图11-33 平均值指令的应用

11.5.6 | 三菱PLC的信号报警置位指令和信号报警复位指令

信号报警置位指令（功能码为FNC46）和信号报警复位指令（功能码为FNC47）用于指定报警器（状态继电器S）的置位和复位操作。

信号报警置位指令和信号报警复位指令的格式见表11-12。

表11-12 信号报警置位指令和信号报警复位指令的格式

指令名称	助记符	功能码（处理位数）	操作数范围			占用程序步数
			源操作数[S·]	目标操作数[D·]	m（单位100ms）	
信号报警置位	ANS	FNC46（16）	T0~T199	S900~S999	K：$1 \leq m \leq 32767$	7步
	ANSP					
信号报警复位	ANR	FNC47（16）	无			1步
	ANRP					

图11-34所示为信号报警置位指令和信号报警复位指令的应用。

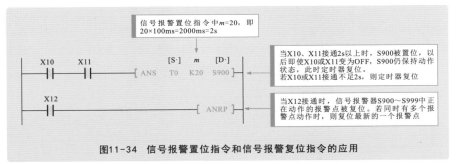

图11-34 信号报警置位指令和信号报警复位指令的应用

信号报警置位指令中m=20，即20×100ms=2000ms=2s

当X10、X11接通2s以上时，S900被置位，以后即使X10或X11变为OFF，S900仍保持动作状态，此时定时器复位。
若X10或X11接通不足2s，则定时器复位

当X12接通时，信号报警器S900~S999中正在动作的报警点被复位。若同时有多个报警点动作时，则复位最新的一个报警点

🏵 补充说明

三菱FX$_{2N}$系列PLC中常见的数据处理还包括二进制数据开方运算指令（SOR）、整数-浮点数转换指令（FLT）。

二进制数据开方运算指令SOR（功能码为FNC48）将源数据进行开平方运算后送到指定的目标地址中。源操作数[S·]可取K、H、D，目标操作数[D·]可取D。

整数-浮点数转换指令FLT（功能码为FNC49）将二进制整数转换为二进制浮点数。源操作数[S·]和目标操作数[D·]均为D。

11.6 三菱PLC的循环和移位指令

三菱FX$_{2N}$系列PLC的循环和移位指令主要包括循环移位指令、位移位指令、字移位指令、先入先出写入指令和先入先出读出指令。其中，根据移位方向的不同，循环移位指令、位移位指令、字移位指令又可细分为左移指令和右移指令；循环移位指令还可分为带进位的循环移位指令和不带进位的循环移位指令。

11.6.1 三菱PLC的循环移位指令

根据移位方向的不同，循环移位指令可以分为右循环移位指令（功能码为FNC30）和左循环移位指令（功能码为FNC31），其功能是将一个字或双字的数据向右或向左环形移n位。循环移位指令的格式见表11-13。

表11-13　循环移位指令的格式

指令名称	助记符	功能码（处理位数）	目标操作数 [D·]	n	占用程序步数
右循环移位	ROR RORP	FNC30 （16/32）	KnY、KnM、KnS、T、 C、D、V、Z	K、H移位位数： n≤16（16位指令） n≤32（32位指令）	ROR、RORP—5步 DROR、DRORP—9步
左循环移位	ROL ROLP	FNC31 （16/32）			ROL、ROLP—5步 DROL、DROLP—9步

图11-35所示为循环移位指令的应用。

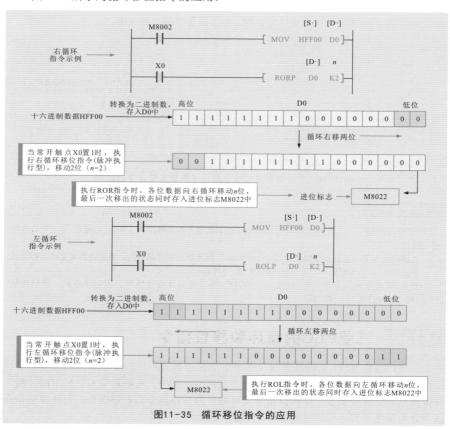

图11-35　循环移位指令的应用

11.6.2 │ 三菱PLC的带进位的循环移位指令

根据移位方向的不同，循环移位指令还可以分为带进位的右循环移位指令（功能码为FNC32）和带进位的左循环移位指令（功能码为FNC33），该类指令的功能是将目标地址中的各位数据连同进位标志（M8022）向右或向左循环移动n位。

带进位的循环移位指令的格式见表11-14。

表11-14　带进位的循环移位指令的格式

指令名称	助记符	功能码（处理位数）	目标操作数[D·]	n	占用程序步数
带进位的右循环移位	RCR RCRP	FNC32 (16/32)	KnY、KnM、KnS、T、C、D、V、Z	K、H移位位数：n≤16（16位指令）n≤32（32位指令）	RCR、RCRP——5步 DRCR、DRCRP——9步
带进位的左循环移位	RCL RCLP	FNC33 (16/32)			RCL、RCLP——5步 DRCL、DRCLP——9步

图11-36所示为带进位的循环移位指令的应用。

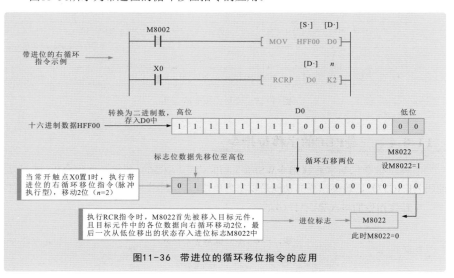

图11-36　带进位的循环移位指令的应用

11.6.3 │ 三菱PLC的位移位指令

位移位指令包括位右移指令SFTR（功能码为FNC34）和位左移指令SFTL（功能码为FNC35），该类指令的功能是将目标位元件中的状态（0或1）成组地向右（或向左）移动。位移位指令的格式见表11-15。

表11-15　位移位指令的格式

指令名称	助记符	功能码（处理位数）	操作数范围				占用程序步数
			源操作数[S·]	目标操作数[D·]	n_1	n_2	
位右移	SFTR SFTRP	FNC34（16）	X、Y、M、S	Y、M、S	K、H: $n_2 \leq n_1 \leq 1024$		9步
位左移	SFTL SFTLP	FNC35（16）					9步

图11-37所示为位移位指令的应用。

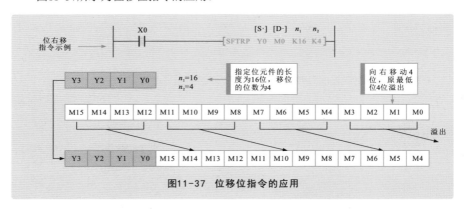

图11-37　位移位指令的应用

11.6.4 | 三菱PLC的字移位指令

字移位指令包括字右移指令WSFR（功能码为FNC36）和字左移指令WSFL（功能码为FNC37），该类指令的功能是以字为单位，将n_1个字右移或左移n_2个字。

字移位指令的格式见表11-16。

表11-16　字移位指令的格式

指令名称	助记符	功能码（处理位数）	操作数范围				占用程序步数
			源操作数[S·]	目标操作数[D·]	n_1	n_2	
字右移	WSFR WSFRP	FNC36（16）	KnX、KnY、KnM、T、C、D	KnY、KnM、KnS、T、C、D	K、H: $n_2 \leq n_1 \leq 512$		9步
字左移	WSFL WSFLP	FNC37（16）					9步

11.6.5 | 三菱PLC的先入先出写入指令和先入先出读出指令

先入先出写入指令（功能码为FNC38）和先入先出读出指令（功能码为FNC39）分别为控制先入先出的数据写入和读出指令。

先入先出写入指令和先入先出读出指令的格式见表11-17。

表11-17　先入先出写入指令和先入先出读出指令的格式

指令名称	助记符	功能码（处理位数）	操作数范围			占用程序步数
			源操作数[S·]	目标操作数[D·]	n	
先入先出写入	SFWR SFWRP	FNC38（16）	K、H、KnX、KnY、KnM、KnS、T、C、D、V、Z	KnY、KnM、KnS、T、C、D	K、H：2≤n≤512	7步
先入先出读出	SFRD SFRDP	FNC39（16）	KnX、KnY、KnM、KnS、T、C、D	KnY、KnM、KnS、T、C、D、V、Z		7步

11.7　三菱PLC的算术指令

三菱PLC的算术运算指令和逻辑运算指令是PLC基本的运算指令，用于完成加、减、乘、除四则运算和逻辑与/或运算，实现PLC数据的算数及逻辑运算等控制功能。

三菱FX$_{2N}$系列PLC的算术运算指令包括加法指令、减法指令、乘法指令、除法指令、加1指令和减1指令。

11.7.1 | 三菱PLC的加法指令

加法指令（功能码为FNC20）将源操作元件中的二进制数相加，结果送到指定的目标地址中。

加法指令的格式见表11-18。

表11-18　加法指令的格式

指令名称	助记符		功能码（处理位数）	源操作数[S1·]、[S2·]	目标操作数[D·]	占用程序步数
加法	16位指令	ADD（连续执行型）	ADDP（脉冲执行型）	FNC20（16/32）	K、H、KnX、KnY、KnM、KnS、T、C、D、V、Z	KnY、KnM、KnS、T、C、D、V、Z	7步
	32位指令	DADD（连续执行型）	DADDP（脉冲执行型）				13步

图11-38所示为加法指令的应用。

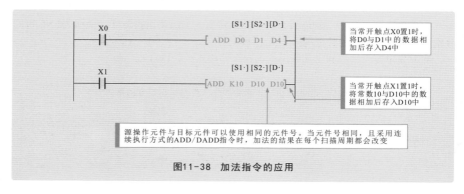

图11-38 加法指令的应用

11.7.2 三菱PLC的减法指令

减法指令（功能码为FNC21）将第1个源操作数指定的内容和第2个源操作数指定的内容相减（二进制数的形式），结果送到指定的目标地址中。

减法指令的格式见表11-19。

表11-19 减法指令的格式

指令名称	助记符		功能码（处理位数）	源操作数[S1·]、[S2·]	目标操作数[D·]	占用程序步数
减法	16位指令	SUB（连续执行型） SUBP（脉冲执行型）	FNC21（16/32）	K、H、KnX、KnY、KnM、KnS、T、C、D、V、Z	KnY、KnM、KnS、T、C、D、V、Z	7步
	32位指令	DSUB（连续执行型） DSUBP（脉冲执行型）				13步

图11-39所示为减法指令的应用。

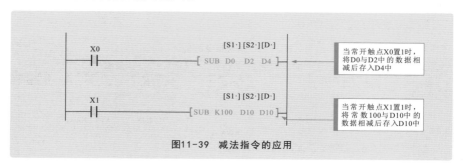

图11-39 减法指令的应用

11.7.3 三菱PLC的乘法指令

乘法指令（功能码为FNC22）将指定源操作数的内容相乘（二进制数的形式），结果送到指定的目标地址中，数据均为有符号数。

乘法指令的格式见表11-20。

表11-20 乘法指令的格式

指令名称	助 记 符		功能码（处理位数）	源操作数 [S1·]、[S2·]	目标操作数 [D·]	占用程序步数
乘法	16位指令	MUL（连续执行型）	MULP（脉冲执行型）	FNC22（16/32）	K、H、KnX、KnY、KnM、KnS、T、C、D、V、Z	KnY、KnM、KnS、T、C、D、V、Z	7步
	32位指令	DMUL（连续执行型）	DMULP（脉冲执行型）		K、H、KnX、KnY、KnM、KnS、T、C、D		13步

图11-40所示为乘法指令的应用。

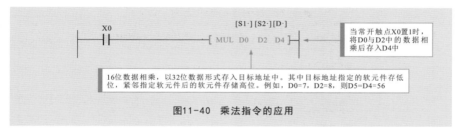

图11-40 乘法指令的应用

11.7.4 三菱PLC的除法指令

除法指令（功能码为FNC23）将第1个源操作数作为被除数，第2个源操作数作为除数，将商送到指定的目标地址中。

除法指令的格式见表11-21。

表11-21 除法指令的格式

指令名称	助 记 符		功能码（处理位数）	源操作数 [S1·]、[S2·]	目标操作数 [D·]	占用程序步数
除法	16位指令	DIV（连续执行型）	DIVP（脉冲执行型）	FNC23（16/32）	K、H、KnX、KnY、KnS、T、C、D、V、Z	KnY、KnM、KnS、T、C、D、V、Z	7步
	32位指令	DDIV（连续执行型）	DDIVP（脉冲执行型）		K、H、KnX、KnY、KnM、KnS、T、C、D		13步

图11-41所示为除法指令的应用。

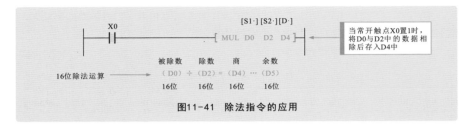

图11-41 除法指令的应用

11.7.5 │ 三菱PLC的加1指令和减1指令

加1指令（功能码为FNC24）和减1指令（功能码为FNC25）的主要功能是当满足一定条件时，将指定软元件中的数据加1或减1。

加1指令和减1指令的格式见表11-22。

表11-22 加1指令和减1指令的格式

指令名称	助 记 符		功能码（处理位数）	目标操作数[D·]	占用程序步数
加1	16位指令	INC（连续执行型） INCP（脉冲执行型）	FNC24（16/32）	KnY、KnM、KnS、T、C、D、V、Z	3步
	32位指令	DINC（连续执行型） DINCP（脉冲执行型）			5步
减1	16位指令	DEC（连续执行型） DECP（脉冲执行型）	FNC25（16/32）		3步
	32位指令	DDEC（连续执行型） DDECP（脉冲执行型）			5步

图11-42所示为加1指令和减1指令的应用。

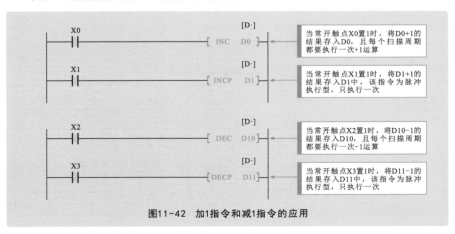

图11-42 加1指令和减1指令的应用

11.8 三菱PLC的逻辑运算指令

三菱PLC的逻辑运算指令包括字逻辑与指令、字逻辑或指令、字逻辑异或指令、求补指令等。

11.8.1 三菱PLC的字逻辑与、字逻辑或、字逻辑异或指令

字逻辑与（WAND）、字逻辑或（WOR）、字逻辑异或（WXOR）指令的格式见表11-23。

表11-23 字逻辑与（WAND）、字逻辑或（WOR）、字逻辑异或（WXOR）指令的格式

指令名称	助记符	功能码 （处理位数）	源操作数 [S1·]、[S2·]	目标操作数 [D·]	占用程序步数
字逻辑与	WAND	FNC26 (16/32)	K、H、KnX、KnY、 KnM、KnS、T、C、 D、V、Z（V、Z只能 在16位运算中作为目 标元件指定，不可用 于32位计算中）	KnY、KnM、 KnS、T、C、D、 V、Z	WAND、WANDP——7步 DWAND、DWANDP——13步
字逻辑或	WOR	FNC27 (16/32)			WOR、WORP——7步 DWOR、DWORP——13步
字逻辑异或	WXOR	FNC28 (16/32)			WXOR、WXORP——7步 DXWOR、DWXORP——13步

补充说明

字逻辑与指令、字逻辑或指令、字逻辑异或指令是三菱PLC中的基本逻辑运算指令。

字逻辑与指令WAND（功能码为FNC26）将两个源操作数按位进行与运算操作，结果送到目标地址中。

字逻辑或指令WOR（功能码为FNC27）将两个源操作数按位进行或运算操作，结果送到目标地址中。

字逻辑异或指令WXOR（功能码为FNC28）将两个源操作数按位进行异或运算操作，结果送到目标地址中。

11.8.2 三菱PLC的求补指令

求补指令（功能码为FNC29）将目标地址中指定的数据每一位取反后再加1，并将结果存储在原单元中。求补指令的格式见表11-24。

表11-24 求补指令的格式

指令名称	助记符	功能码（处理位数）	目标操作数[D·]	占用程序步数
求补	NEG（连续执行型） NEGP（脉冲执行型）	FNC29 (16/32)	KnY、KnM、KnS、 T、C、D、V、Z	NEG、NEGP——3步 DNEG、DNEGP——5步

图11-43所示为求补指令的应用。

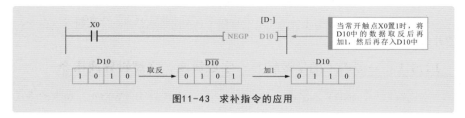

图11-43 求补指令的应用

11.9 三菱PLC的浮点数运算指令

11.9.1 三菱PLC的二进制浮点数比较指令

二进制浮点数比较指令（功能码为FNC110）用于比较两个二进制的浮点数，将比较结果送入目标地址中。

二进制浮点数比较指令的格式见表11-25。

表11-25 二进制浮点数比较指令的格式

指令名称	助记符	功能码（处理位数）	操作数范围			占用程序步数
			源操作数[S1·]	源操作数[S2·]	目标操作数[D·]	
二进制浮点数比较	DECMP DECMPP	FNC110（仅有32位）	K、H、D		Y、M、S	13步

11.9.2 三菱PLC的二进制浮点数区域比较指令

二进制浮点数区域比较指令（功能码为FNC111）将32位源操作数[S·]与下限[S1·]和上限[S2·]进行范围比较，对应输出3个位元件的ON/OFF状态到目标地址中。

二进制浮点数区域比较指令的格式见表11-26。

表11-26 二进制浮点数区域比较指令的格式

指令名称	助记符	功能码（处理位数）	操作数范围		占用程序步数
			源操作数[S1·]、[S2·]、[S·]	目标操作数[D·]	
二进制浮点数区域比较	DEZCP DEZCPP	FNC111（仅有32位）	K、H、D（[S1]<[S2]）	Y、M、S	17步

11.9.3 三菱PLC的二进制浮点数四则运算指令

二进制浮点数四则运算指令包括二进制浮点数加法指令（FNC120）、二进制浮点数减法指令（FNC121）、二进制浮点数乘法指令（FNC122）和二进制浮点数除法指令（FNC123）等4条指令。

二进制浮点数四则运算指令将两个源操作数进行四则运算（加、减、乘、除）后存入指定目标地址中。

二进制浮点数四则运算指令的格式见表11-27。

表11-27 二进制浮点数四则运算指令的格式

指令名称	助记符	功能码（处理位数）	操作数范围		占用程序步数
			源操作数[S1]、[S2]	目标操作数[D]	
二进制浮点数加法	DEADD DEADDP	FNC120（仅有32位）	K、H、D	D	13步
二进制浮点数减法	DESUB DESUBP	FNC121（仅有32位）			
二进制浮点数乘法	DEMUL DEMULP	FNC122（仅有32位）			
二进制浮点数除法	DEDIV DEDIVP	FNC123（仅有32位）			

11.10 三菱PLC的程序流程指令

三菱FX$_{2N}$系列PLC的程序流程指令是控制程序流向的一类功能指令，主要包括条件跳转指令、子程序调用指令和子程序返回指令、循环指令。

11.10.1 三菱PLC的条件跳转指令

条件跳转指令在有条件的前提下，跳过顺序程序中的一部分，直接跳转到指令的标号处，用以控制程序的流向，可有效缩短程序扫描时间。

条件跳转指令的格式见表11-28。

表11-28 条件跳转指令的格式

指令名称	助记符	功能码（处理位数）	操作数范围[D·]	占用程序步数
条件跳转	CJ（16位指令，连续执行型）	FNC00	P0~P127	3步
	CJP（脉冲执行性）			3步

图11-44所示为条件跳转指令的应用。

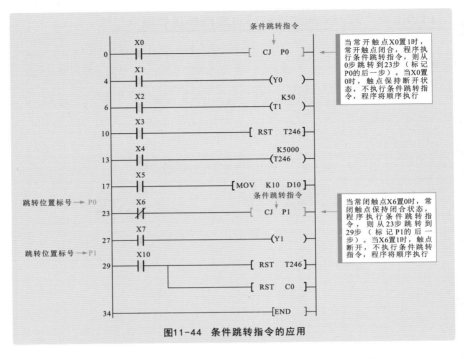

图11-44 条件跳转指令的应用

11.10.2 三菱PLC的子程序调用指令和子程序返回指令

子程序是指可实现特定控制功能的相对独立的程序段。可在主程序中通过调用指令直接调用子程序，有效简化程序和提高编程效率。

子程序调用指令（功能码为FNC01）可执行指定标号位置P的子程序，操作数为P指针P0～P127。子程序返回指令（功能码为FNC02）用于返回原子程序调用指令的下一条指令位置，无操作数。

子程序调用指令和子程序返回指令的格式见表11-29。

表11-29 子程序调用指令和子程序返回指令的格式

指令名称	助记符	功能码（处理位数）	操作数范围[D·]	占用程序步数
子程序调用	CALL（连续执行型）	FNC01 （16）	P0～P127，可嵌套5层	3步
	CALLP（脉冲执行型）			3步
子程序返回	SRET	FNC02	无	1步

图11-45所示为子程序调用指令和子程序返回指令的应用。

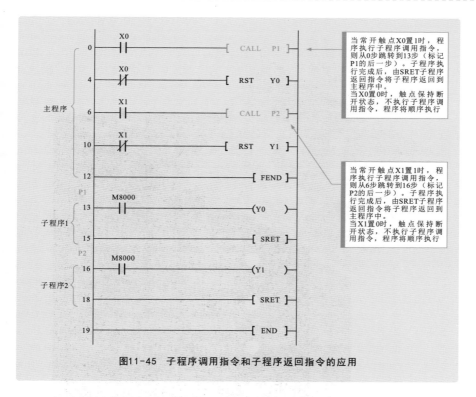

图11-45 子程序调用指令和子程序返回指令的应用

11.10.3 三菱PLC的循环指令

循环指令包括循环范围开始指令FOR（功能码为FNC08）和循环范围结束指令NEXT（功能码为FNC09）。FOR指令和NEXT指令必须成对使用，且FOR指令与NEXT指令之间的程序被循环执行，循环的次数由FOR指令的源操作数决定。循环指令完成后，执行NEXT指令后面的程序。

循环范围开始指令和循环范围结束指令的格式见表11-30。

表11-30 循环范围开始指令和循环范围结束指令的格式

指令名称	助记符	功能码（处理位数）	源操作数[S]	占用程序步数
循环范围开始	FOR	FNC08	K、H、KnX、KnY、KnM、KnS、T、C、D、V、Z	3步
循环范围结束	NEXT	FNC09	无	1步

12

本章系统介绍PLC触摸屏。

- 西门子Smart 700 IE V3
  触摸屏
- 西门子Smart 700 IE V3
  触摸屏的安装连接
- WinCC flexible SMART
  组态软件
- 三菱GOT-GT11触摸屏
- GT Designer3触摸屏
  编程

第12章

PLC触摸屏

12.1 西门子Smart 700 IE V3触摸屏

12.1.1 西门子Smart 700 IE V3触摸屏的结构

图12-1所示为西门子Smart 700 IE V3触摸屏的结构。

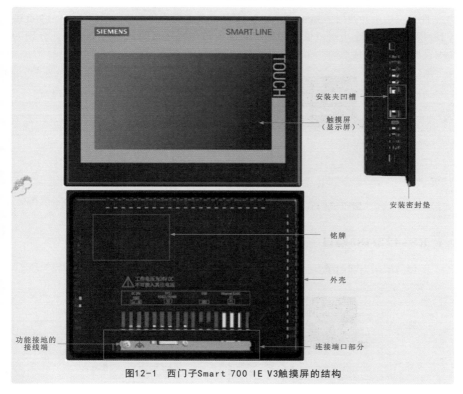

图12-1 西门子Smart 700 IE V3触摸屏的结构

西门子Smart 700 IE V3触摸屏适用于小型自动化系统。该规格的触摸屏采用了增强型CPU和存储器，性能大幅提升。

12.1.2 | 西门子Smart 700 IE V3触摸屏的接口

西门子Smart 700 IE V3触摸屏除了以触摸屏为主体外，还设有多种连接端口，如电源连接端口、RS-422/485端口（网络通信端口）、RJ-45端口（以太网端口）和USB端口等。图12-2所示为西门子Smart 700 IE V3触摸屏的接口。

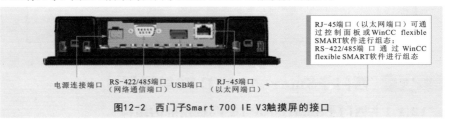

图12-2　西门子Smart 700 IE V3触摸屏的接口

1　电源连接端口

图12-3所示为西门子Smart 700 IE V3触摸屏的电源连接端口。西门子Smart 700 IE V3触摸屏的电源连接端口位于触摸屏底部，该电源连接端口有两个引脚，分别为24V直流供电端和接地端。

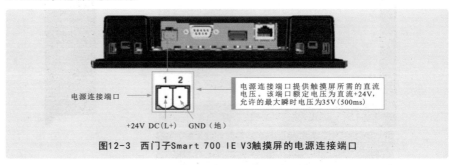

图12-3　西门子Smart 700 IE V3触摸屏的电源连接端口

2　RS-422/485端口

图12-4所示为西门子Smart 700 IE V3触摸屏的RS-422/485端口。

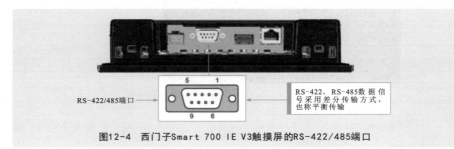

图12-4　西门子Smart 700 IE V3触摸屏的RS-422/485端口

补充说明

　　RS-422/485端口都是串行数据接口标准。RS-422是一种单机发送、多机接收的单向、平衡传输规范。为扩展应用范围，在RS-422基础上制定了RS-485标准，增加了多点、双向通信能力，即允许多个发送器连接到同一条总线上。

3　RJ-45端口

　　西门子Smart 700 IE V3触摸屏中的RJ-45端口是普通的网线连接插座，与计算机主板上的网络接口相同，通过普通网络线缆连接到以太网中。

　　图12-5所示为西门子Smart 700 IE V3触摸屏的RJ-45端口。

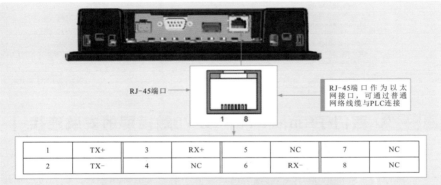

| 1 | TX+ | 3 | RX+ | 5 | NC | 7 | NC |
| 2 | TX- | 4 | NC | 6 | RX- | 8 | NC |

图12-5　西门子Smart 700 IE V3触摸屏的RJ-45端口

4　USB端口

　　图12-6所示为西门子Smart 700 IE V3触摸屏的USB端口。通用串行总线（universal serial bus，USB）接口是一种即插即用接口，支持热插拔，并且现已支持127种硬件设备的连接。

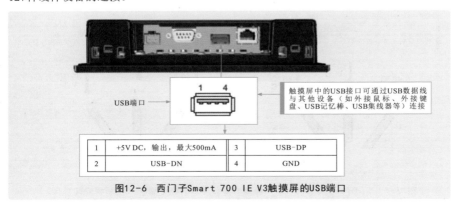

| 1 | +5V DC，输出，最大500mA | 3 | USB-DP |
| 2 | USB-DN | 4 | GND |

图12-6　西门子Smart 700 IE V3触摸屏的USB端口

补充说明

表12-1所示为可与西门子Smart 700 IE V3触摸屏兼容的PLC型号说明。

表12-1　可与西门子Smart 700 IE V3触摸屏兼容的PLC型号说明

可与西门子Smart 700 IE V3触摸屏兼容的PLC型号	支持的协议
SIEMENS S7-200	以太网、PPI、MPI
SIEMENS S7-200 CN	以太网、PPI、MPI
SIEMENS S7-200 Smart	以太网、PPI、MPI
SIEMENS LOGO!	以太网
Mitsubishi FX *	点对点串行通信
Mitsubishi Protocol 4 *	多点串行通信
Modicon Modbus PLC *	点对点串行通信
Omron CP、CJ *	多点串行通信

12.2　西门子Smart 700 IE V3触摸屏的安装连接

12.2.1　西门子Smart 700 IE V3触摸屏的安装

安装西门子Smart 700 IE V3触摸屏前，应先了解安装的环境要求，如温度、湿度等；再明确安装位置要求，如散热距离、打孔位置等；最后按照设备安装步骤进行安装。

1　安装环境要求

图12-7所示为西门子Smart 700 IE V3触摸屏安装环境的温度要求（控制柜安装环境）。

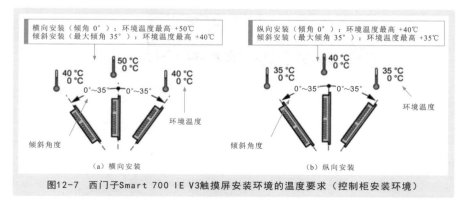

图12-7　西门子Smart 700 IE V3触摸屏安装环境的温度要求（控制柜安装环境）

补充说明

　　HMI触摸屏设备倾斜安装会减少设备承受的对流，因此会降低操作时所允许的最高环境温度。如果施加充分的通风，设备也要在不超过纵向安装所允许的最高环境温度下在倾斜的安装位置运行；否则，该设备可能会因过热而导致损坏。

　　西门子Smart 700 IE V3触摸屏安装环境的其他要求见表12-2。

表12-2　西门子Smart 700 IE V3触摸屏安装环境的其他要求

条件类型	运输和存储状态	运行状态	
温度	−20～+60℃	横向安装	0～50℃
		倾斜安装，倾斜角最大35°	0～40℃
		纵向安装	0～40℃
		倾斜安装，倾斜角最大35°	0～35℃
大气压	1080～660hPa，相当于海拔1000～3500m	1080～795hPa，相当于海拔1000～2000m	
相对湿度	10%～90%，无凝露		
污染物浓度	SO_2：<0.5ppm；相对湿度小于60%，无凝露 H_2S：<0.1ppm；相对湿度小于60%，无凝露		

2　安装位置要求

　　西门子Smart 700 IE V3触摸屏一般可安装在控制柜中。HMI设备是自通风设备，对安装的位置有明确要求，包括距离控制柜四周的距离、安装允许倾斜的角度等。

　　图12-8所示为西门子Smart 700 IE V3触摸屏安装在控制柜中与四周的距离要求。

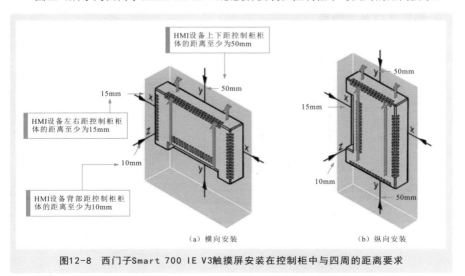

（a）横向安装　　　　（b）纵向安装

图12-8　西门子Smart 700 IE V3触摸屏安装在控制柜中与四周的距离要求

3　通用控制柜中安装打孔要求

　　确定西门子Smart 700 IE V3触摸屏安装环境符合要求后，接下来则应在选定的位置打孔，为安装固定做好准备。

　　图12-9所示为通用控制柜中安装西门子Smart 700 IE V3触摸屏的开孔尺寸要求。

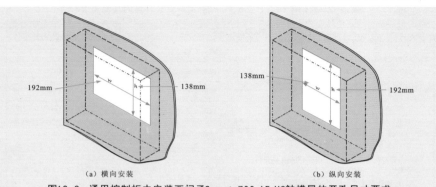

（a）横向安装　　　　　　　　　　　　　（b）纵向安装

图12-9　通用控制柜中安装西门子Smart 700 IE V3触摸屏的开孔尺寸要求

> **补充说明**
>
> 　　安装开孔区域的材料强度必须足以保证能承受住HMI设备和安装的安全。
> 　　安装夹的受力或对设备的操作不会导致材料变形，从而达到如下所述的防护等级：
> 　　· 符合防护等级为IP65的安装开孔处的材料厚度：2～6mm。
> 　　· 安装开孔处允许的与平面的偏差：≤0.5mm，已安装的HMI设备必须符合此条件。

4　触摸屏的安装固定

　　控制柜开孔完成后，将触摸屏平行插入安装孔中，使用安装夹固定好触摸屏。图12-10所示为触摸屏的安装固定方法。

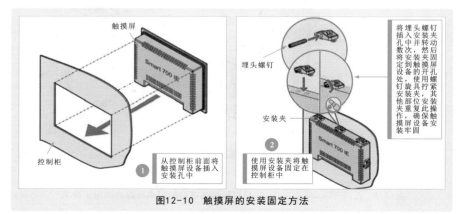

图12-10　触摸屏的安装固定方法

12.2.2 │ 西门子Smart 700 IE V3触摸屏的连接

西门子Smart 700 IE V3触摸屏的连接有：等电位电路连接、电源线连接、组态计算机（PC）连接、PLC设备连接等。

1 等电位电路连接

等电位电路连接用于消除电路中的电位差，确保触摸屏及相关电气设备在运行时不会出现故障。

图12-11所示为触摸屏安装中的等电位电路的连接方法及步骤。

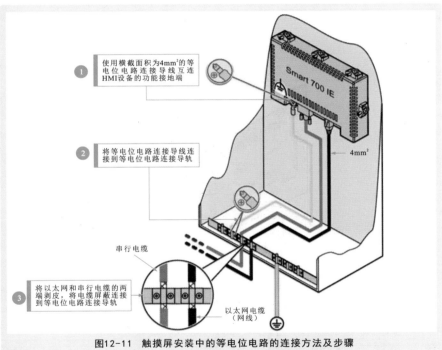

图12-11 触摸屏安装中的等电位电路的连接方法及步骤

补充说明

在空间上分开的系统组件之间可产生电位差。这些电位差可导致数据电缆上出现高均衡电流，从而毁坏它们的接口。如果两端都采用了电缆屏蔽，并在不同的系统部件处接地，便会产生均衡电流。当系统连接不同的电源时，产生的电位差可能更明显。

2 电源线连接

触摸屏设备正常工作需要满足DC 24V供电。设备安装中，正确连接电源线是确保触摸屏设备正常工作的前提。图12-12所示为触摸屏电源线连接头的加工方法。

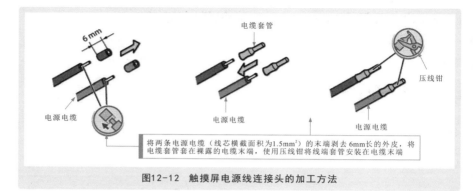

将两条电源电缆（线芯横截面积为1.5mm²）的末端剥去 6mm长的外皮，将电缆套管套在裸露的电缆末端，使用压线钳将线端套管安装在电缆末端

图12-12　触摸屏电源线连接头的加工方法

图12-13所示为触摸屏电源线的连接方法。

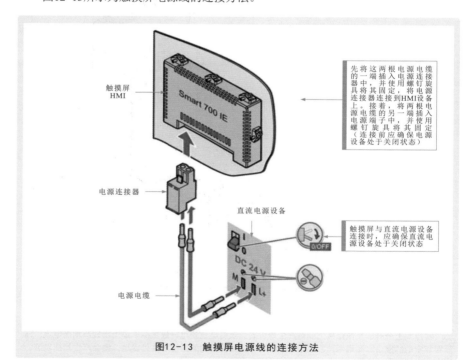

先将这两根电源电缆的一端插入电源连接器中，并使用螺钉旋具将其固定，将电源连接器连接到HMI设备上。接着，将两根电源电缆的另一端插入电源端子中，并使用螺钉旋具将其固定（连接前应确保电源设备处于关闭状态）

触摸屏与直流电源设备连接时，应确保直流电源设备处于关闭状态

图12-13　触摸屏电源线的连接方法

补充说明

　　西门子Smart 700 IE V3触摸屏的直流电源供电设备输出电压规格应为24V（200mA）直流电源，若电源规格不符合设备要求，则会损坏触摸屏设备。

　　直流电源供电设备应选用具有安全电气隔离的24V DC电源装置；若使用非隔离系统组态，则应将24V电源输出端的GND 24V接口进行等电位连接，以统一基准电位。

3 组态计算机连接

在计算机中安装触摸屏编程软件，通过编程软件可组态触摸屏，实现对触摸屏显示画面内容和控制功能的设计。当在计算机中完成触摸屏组态后，需要将组态计算机与触摸屏连接，以便将软件中完成的项目进行传输。

图12-14所示为组态计算机与触摸屏的连接。

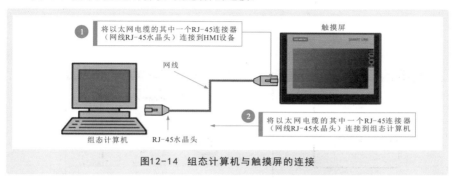

图12-14　组态计算机与触摸屏的连接

4 PLC设备连接

触摸屏连接PLC的输入端，可代替按钮、开关等物理部件向PLC输入指令信息。

图12-15所示为触摸屏与PLC之间的连接。

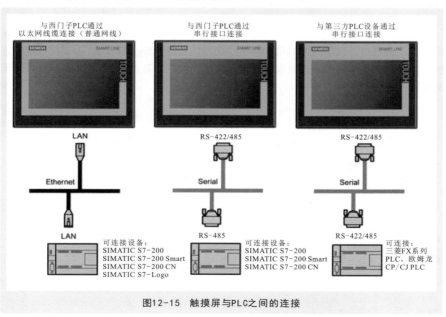

图12-15　触摸屏与PLC之间的连接

12.2.3 | 西门子Smart 700 IE V3触摸屏的数据备份与恢复

组态西门子Smart 700 IE V3触摸屏，首先接通电源，打开Loader程序，通过程序窗口中的Control Panel按钮打开控制面板，如图12-16所示，在控制面板中可以对触摸屏进行参数配置。

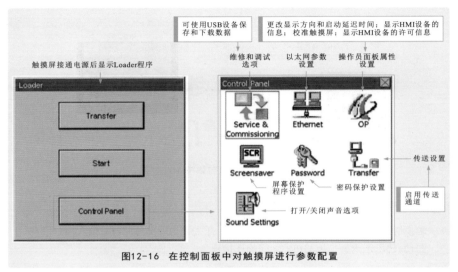

图12-16 在控制面板中对触摸屏进行参数配置

在触摸屏控制面板中，Service & Commissioning选项的主要功能是使用USB设备保存和下载数据。用手指或触摸笔单击该选项即可弹出Service & Commissioning对话框，从该对话框中的Backup选项中可进行触摸屏数据的备份。图12-17所示为触摸屏数据的备份操作。

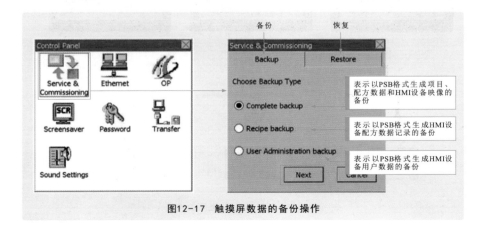

图12-17 触摸屏数据的备份操作

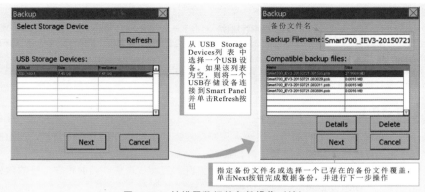

图12-17 触摸屏数据的备份操作（续）

12.2.4 西门子Smart 700 IE V3触摸屏的数据传送

传送操作是指将已编译的项目文件传送到要运行该项目的HMI设备上。

西门子Smart 700 IE V3触摸屏与组态计算机之间可进行数据信息的传送。

可采用手动传送和自动传送两种方式将可执行项目从组态计算机传送到HMI设备中。

1 手动传送

图12-18所示为西门子Smart 700 IE V3触摸屏与组态计算机之间手动传送数据项目的操作步骤和方法。

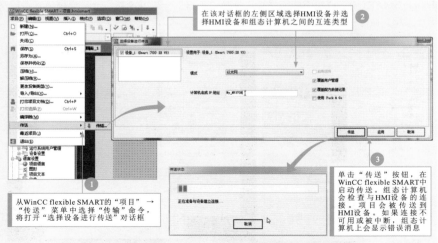

图12-18 西门子Smart 700 IE V3触摸屏与组态计算机之间
手动传送数据项目的操作步骤和方法

📎 补充说明

　　在WinCC flexible SMART（触摸屏编程软件，将在下一节详细介绍）中完成组态后，选择"项目"→"编译器"→"生成"命令来检查项目的一致性。完成一致性检查后，系统将生成一个已编译的项目文件，将已编译的项目文件传送至组态的HMI设备。

　　需要确保HMI设备已通过以太网连接到组态计算机中，并且在HMI设备中已分配以太网参数，调整HMI设备使其处于"传送"工作模式。

2 自动传送

　　首先在HMI设备上启动自动传送，只要在连接的组态计算机上启动传送，HMI设备就会在运行时自动切换为"传送"模式。

　　在HMI设备上激活自动传送且在组态计算机上启动传送后，当前正在运行的项目将自动停止。HMI设备随后将自动切换到"传送"模式。

📎 补充说明

　　自动传送不适合用于调试阶段后，避免HMI设备在无意中被切换到传送模式。传送模式可能触发系统的意外操作。

3 HMI项目的测试

　　测试HMI项目有三种方法：在组态计算机中借助仿真器测试；在HMI设备上对项目进行离线测试；在HMI设备上对项目进行在线测试。

① 在组态计算机中借助仿真器测试

　　图12-19所示为在组态计算机中借助仿真器测试触摸屏项目的方法。在WinCC flexible SMART中完成组态和编译后，选择"项目"→"编译器"→"使用仿真器启动运行系统"命令。

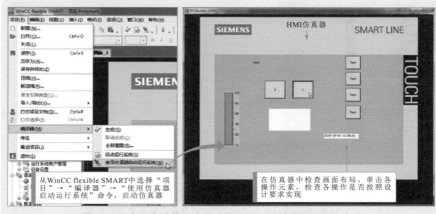

从WinCC flexible SMART中选择"项目"→"编译器"→"使用仿真器启动运行系统"命令，启动仿真器

在仿真器中检查画面布局，单击各操作元素，检查各操作是否按照设计要求实现

图12-19　在组态计算机中借助仿真器测试触摸屏项目的方法

② 离线测试

离线测试是指在HMI设备不与PLC连接的状态下，测试项目的操作元素和可视
化。测试的各个项目功能不受PLC影响，PLC变量不更新。

③ 在线测试

在线测试是指在HMI设备与PLC连接并进行通信的状态下，使HMI设备处于"在
线"工作模式，在HMI设备中对各个项目功能进行测试，如报警通信功能、操作元素
及视图等，测试不受PLC影响，但PLC变量将进行更新。

4 HMI数据的备份与恢复

为了确保HMI设备中数据的安全与可靠应用，可借助计算机（安装ProSave软件）
或USB存储设备备份和恢复HMI设备内部闪存中的项目与HMI设备映像数据、密码列
表、配方数据等。

12.3 WinCC flexible SMART组态软件

WinCC flexible SMART组态软件是专门针对西门子HMI触摸屏编程的软件，可对
应西门子触摸屏Smart 700 IE V3、Smart 1000 IE V3（适用于S7-200 Smart PLC）进行
组态。

12.3.1 WinCC flexible SMART组态软件的程序界面

图12-20所示为WinCC flexible SMART组态软件的程序界面。可以看到，该软件的
画面部分主要由菜单栏、工具栏、工作区、项目视图、属性视图、工具箱等部分构成。

图12-20 WinCC flexible SMART组态软件的程序界面

1 菜单栏和工具栏

图12-21所示为WinCC flexible SMART组态软件的菜单栏和工具栏。菜单栏和工具栏位于WinCC flexible SMART组态软件的上部。通过菜单栏和工具栏可以访问组态HMI设备所需的全部功能。当编辑器处于激活状态时，会显示此编辑器专用的菜单栏和工具栏。当将鼠标指针移到某个命令上时，将显示对应的工具提示。

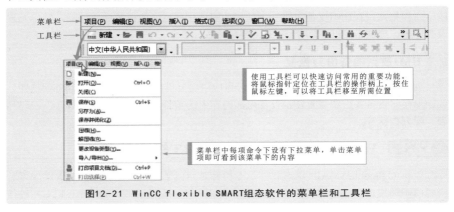

图12-21　WinCC flexible SMART组态软件的菜单栏和工具栏

2 工作区

图12-22所示为WinCC flexible SMART组态软件的工作区。工作区是WinCC flexible SMART组态软件画面的中心部分。每个编辑器在工作区域中以单独的选项卡控件形式打开。"画面"编辑器以单独的选项卡形式显示各个画面。同时打开多个编辑器时，只有一个选项卡处于激活状态。要选择不同的编辑器，在工作区单击相应的选项卡即可。

图12-22　WinCC flexible SMART组态软件的工作区

3 项目视图

图12-23所示为WinCC flexible SMART组态软件的项目视图。项目视图是项目编辑的中心控制点，其中显示了项目的所有组件和编辑器，并且可用于打开这些组件和编辑器。

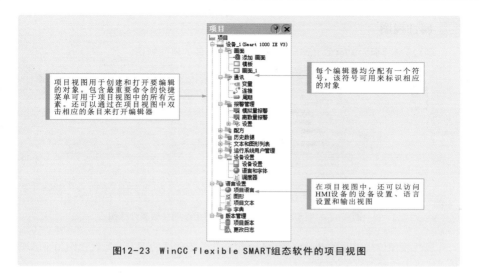

项目视图用于创建和打开要编辑的对象。包含最重要命令的快捷菜单可用于项目视图中的所有元素。还可以通过在项目视图中双击相应的条目来打开编辑器

每个编辑器均分配有一个符号，该符号可用来标识相应的对象

在项目视图中，还可以访问HMI设备的设备设置、语言设置和输出视图

图12-23 WinCC flexible SMART组态软件的项目视图

4 工具箱

图12-24所示为WinCC flexible SMART组态软件的工具箱。工具箱位于WinCC flexible SMART组态软件工作区的右侧区域，工具箱中含有可以添加到画面中的简单和复杂对象选项，用于在工作区编辑时添加各种元素（如图形对象或操作元素）。

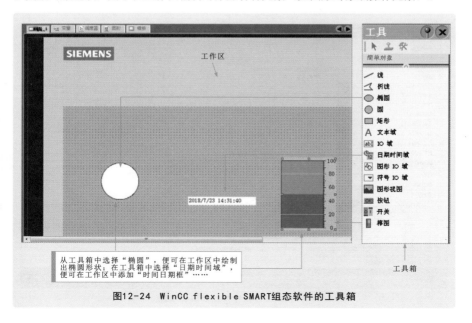

从工具箱中选择"椭圆"，便可在工作区中绘制出椭圆形状；在工具箱中选择"日期时间域"，便可在工作区中添加"时间日期框"……

图12-24 WinCC flexible SMART组态软件的工具箱

5 属性视图

图12-25所示为WinCC flexible SMART组态软件的属性视图。

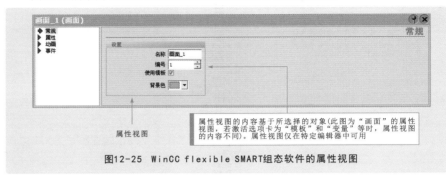

属性视图的内容基于所选择的对象(此图为"画面"的属性视图，若激活选项卡为"模板"和"变量"等时，属性视图的内容不同)。属性视图仅在特定编辑器中可用

图12-25 WinCC flexible SMART组态软件的属性视图

属性视图位于WinCC flexible SMART组态软件工作区的下方。属性视图用于编辑从工作区中选择的对象的属性。

12.3.2 WinCC flexible SMART组态软件的项目传送

传送项目操作是指将已编译的项目文件传送到要运行该项目的HMI设备上。完成组态后，选择"项目"下拉菜单中的"编译器"→"生成"命令，可生成一个已编译的项目文件（用于验证项目的一致性）。图12-26所示为项目传送前的编译操作。

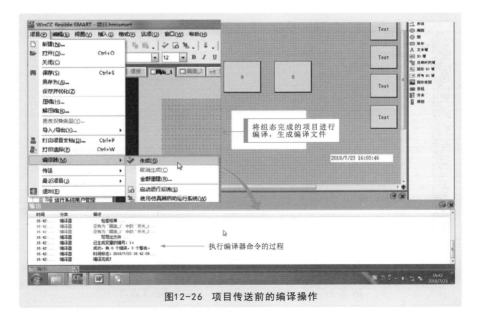

将组态完成的项目进行编译，生成编译文件

执行编译器命令的过程

图12-26 项目传送前的编译操作

将已编译的项目文件传送到HMI设备。选择"项目"下拉菜单中的"传送"→"传输"命令,弹出"选择设备进行传送"对话框,单击"传送"按钮开始传送。图12-27所示为向HMI设备传送项目的操作。

图12-27 向HMI设备传送项目的操作

12.3.3 │ WinCC flexible SMART组态软件的通信

图12-28所示为WinCC flexible SMART组态软件中的"变量"编辑器。

图12-28 WinCC flexible SMART组态软件中的"变量"编辑器

图12-29所示为WinCC flexible SMART组态软件中的"连接"编辑器。

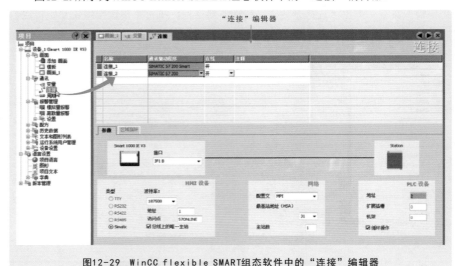

图12-29　WinCC flexible SMART组态软件中的"连接"编辑器

12.4　三菱GOT-GT11触摸屏

12.4.1　三菱GOT-GT11触摸屏的结构

图12-30所示为典型三菱GOT-GT11触摸屏的结构。GOT-GT11触摸屏的正面是显示屏，其下方及背面是各种连接端口，用以与其他设备进行连接。

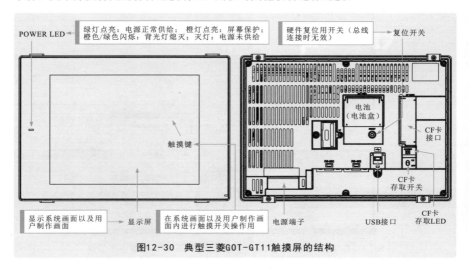

图12-30　典型三菱GOT-GT11触摸屏的结构

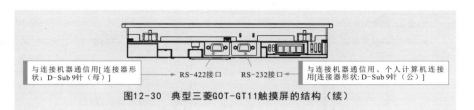

図12-30 典型三菱GOT-GT11触摸屏的结构（续）

12.4.2 三菱GOT-GT11触摸屏的安装连接

1 安装位置要求

图12-31所示为三菱GOT-GT11系列触摸屏的安装位置要求。可以看到，通常触摸屏安装于控制盘或操作盘的面板上，与控制盘内的PLC等连接，实现开关操作、指示灯显示、数据显示、信息显示等功能。

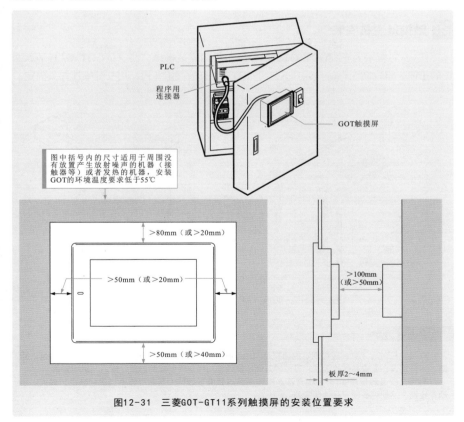

図12-31 三菱GOT-GT11系列触摸屏的安装位置要求

如果向控制盘内安装，三菱GOT-GT11触摸屏的安装角度如图12-32所示。控制盘内的温度应控制在4～55℃，安装角度为60°～105°。

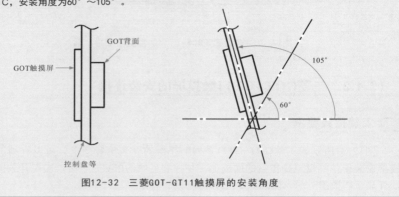

图12-32　三菱GOT-GT11触摸屏的安装角度

2　触摸屏主机安装

图12-33所示为三菱GOT-GT11触摸屏主机的安装操作。将三菱GOT-GT11插入面板的正面，将安装配件的挂钩挂入三菱GOT-GT11的固定孔内，用安装螺栓拧紧固定。

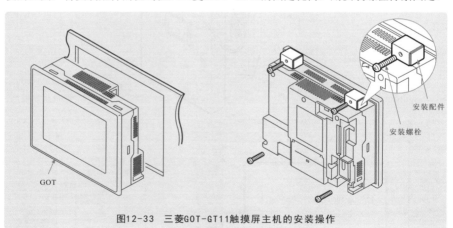

图12-33　三菱GOT-GT11触摸屏主机的安装操作

安装主机时应注意，应在规定的扭矩范围内拧紧安装螺栓。若安装螺栓太松，可能导致脱落、短路、运行错误；若安装螺栓太紧，可能导致螺栓及设备的损坏而引起的脱落、短路、运行错误。

另外，安装和使用GOT必须在其基本操作环境的要求下进行，避免操作不当引起触电、火灾、误动作致使产品损坏或使产品性能变差。

3 CF卡的安装和取出

CF卡是三菱GOT-GT11触摸屏非常重要的外部存储设备，主要用来存储程序及数据信息。在安装和取出CF卡时应先确认三菱GOT-GT11触摸屏的电源处于OFF状态。

如图12-34所示，确认CF卡存取开关置于OFF状态（该状态下，即使触摸屏电源未关闭，也可以取出CF卡），打开CF卡接口的盖板，将CF卡的表面朝向外侧压入CF卡接口中。插入好后关闭CF卡接口的盖板，再将CF卡存取开关置于ON状态。

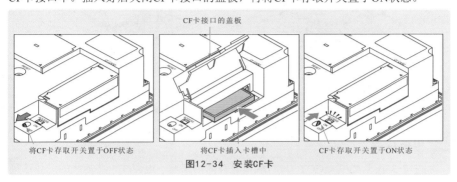

图12-34 安装CF卡

当取出CF卡时，先将GOT的CF卡存取开关置于OFF状态，确认CF卡存取LED灯熄灭再打开CF卡接口的盖板，将GOT的CF卡弹出按钮竖起，向内按下GOT的CF卡弹出按钮，CF卡便会自动从存取卡槽中弹出。具体操作如图12-35所示。

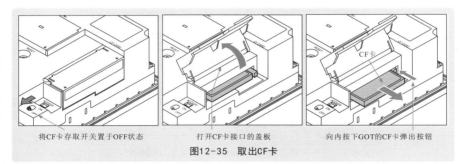

图12-35 取出CF卡

补充说明

在GOT中安装或取出CF卡时，应将存储卡存取开关置为OFF状态之后（CF卡存取LED灯熄灭）进行，否则可能导致CF卡内的数据损坏或运行错误。

在安装CF卡时，将CF卡插入GOT安装口，并压下CF卡直到弹出按钮被推出。如果接触不良，可能导致运行错误。

在取出CF卡时，由于CF卡有可能弹出，因此需用手将其扶住；否则有可能掉落而导致CF卡破损或故障。

另外，在使用RS-232通信下载监视数据等的过程中，不要安装或取出CF卡；否则可能导致GT Designer2 通信错误，无法正常下载。

4 电池的安装

电池是三菱GOT-GT11触摸屏的电能供给设备，用于保持或备份触摸屏中的时钟数据、报警历史及配方数据。图12-36所示为三菱GOT-GT11触摸屏电池的安装方法。

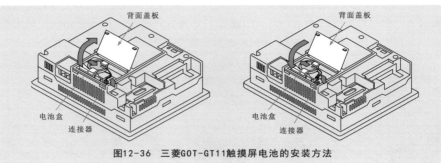

图12-36 三菱GOT-GT11触摸屏电池的安装方法

5 电源接线

图12-37所示为三菱GOT-GT11触摸屏背部电源端子电源线、接地线的配线连接图。配线连接时，AC 100V/AC 200V线、DC 24V线应使用线径在0.75～2mm² 范围内的粗线。将线缆拧成麻花状，以最短距离连接设备。不要将AC 100V/200V线、DC 24V线与主电路（高电压、大电流）线、输入/输出信号线捆扎在一起，保持间隔在100mm以上。

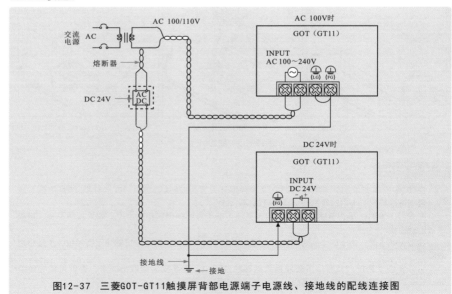

图12-37 三菱GOT-GT11触摸屏背部电源端子电源线、接地线的配线连接图

6 接地方案

图12-38和图12-39分别为专用接地和共用接地的连接方式。接地所用电线的线径应在2mm²以上，并尽可能使接地点靠近GOT，从而最大限度地缩短接地线的长度。

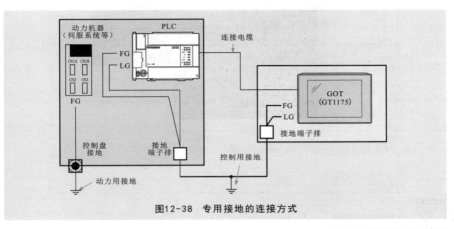

图12-38 专用接地的连接方式

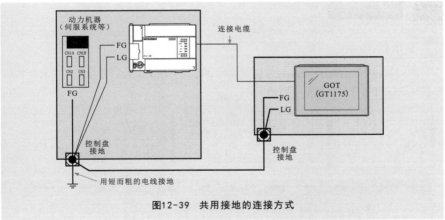

图12-39 共用接地的连接方式

12.5 GT Designer3触摸屏编程

12.5.1 GT Designer3触摸屏编程软件

GT Designer3触摸屏编程软件是针对三菱触摸屏（GOT 1000系列）进行编程的软件。图12-40所示为GT Designer3触摸屏编程软件的程序界面。

图12-40　GT Designer3触摸屏编程软件的程序界面

微视频讲解20 "GT Designer3触摸屏编程软件"

1 菜单栏

图12-41所示为GT Designer3触摸屏编程软件菜单栏的结构，菜单栏中的具体构成根据所选GOT类型的不同而有所不同。

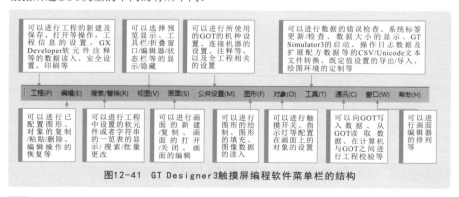

图12-41　GT Designer3触摸屏编程软件菜单栏的结构

2 工具栏

图12-42所示为GT Designer3触摸屏编程软件的工具栏部分，可以通过显示菜单切换各个工具栏的显示/隐藏。

图12-42 GT Designer3触摸屏编程软件的工具栏部分

3 编辑器页

编辑器页是设计触摸屏画面内容的主要部分，位于软件画面的中间部分，一般为黑色底色。图12-43所示为编辑器页的相关操作。显示中的画面编辑器或"环境设置"和"连接机器的设置"对话框等页出现在编辑器页中。通过选择页，可选择想要编辑的画面并将其显示在最前面。关闭页，其对应的画面也会关闭。

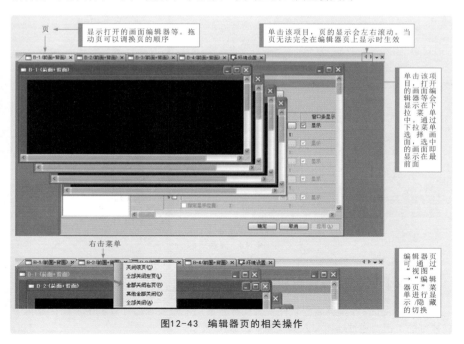

图12-43 编辑器页的相关操作

4 树状结构

树状结构是按照数据种类分别显示工程公共设置以及已创建画面等的树状列表。可以轻松进行全工程的数据管理以及编辑。树状结构包括工程树状结构、画面一览表树状结构、系统树状结构，如图12-44所示。

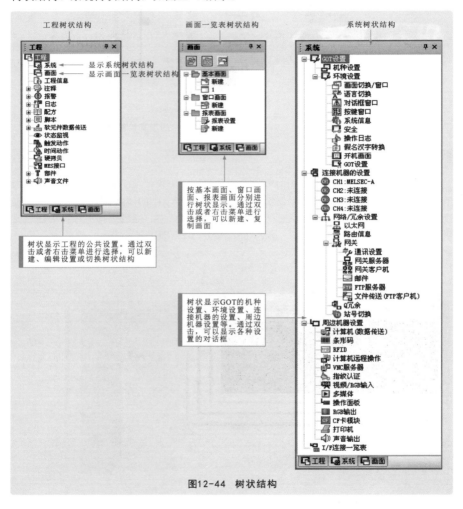

图12-44 树状结构

12.5.2 触摸屏与计算机之间的数据传输

GT Designer3触摸屏编程软件安装在符合应用配置要求的计算机中，在计算机中创建好的工程要通过连接写入触摸屏中。

图12-45所示为 GT Designer3触摸屏编程软件中设计的工程写入触摸屏中的方法。

图12-45 GT Designer3触摸屏编程软件中设计的工程写入触摸屏中的方法

计算机与触摸屏通过电缆连接后，接下来需要进入GT Designer3触摸屏编程软件中进行通讯（信）设置（此处的"通讯"实为"通信"，为与软件说明一致，此部分正文中均采用"通讯"）。

选择GT Designer3触摸屏编程软件菜单栏中的"通讯"→"通讯设置"命令，打开"通讯设置"对话框，如图12-46所示。

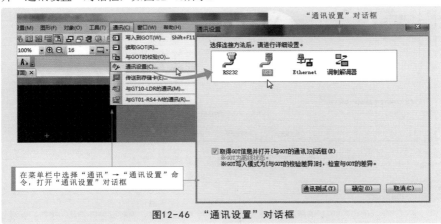

图12-46 "通讯设置"对话框

通讯设置内容需要根据实际所连接线缆的类型选择设置的项目，可选项包括RS232（RS-232电缆连接时）、USB（USB数据线连接时）、Ethernet（以太网网线连接时）、调制解调器。

12.5.3 触摸屏工程数据的写入与读取

图12-47所示为将工程数据写入触摸屏的方法。

在菜单栏中选择"通讯"→"通讯设置"命令，在打开的"通讯设置"对话框中进行通讯设置。然后选择"通讯"→"写入到GOT"命令，打开"与GOT的通讯"对话框，默认打开"GOT写入"页。

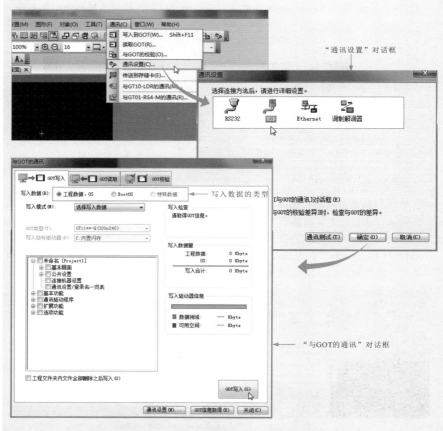

图12-47 将工程数据写入触摸屏的方法

补充说明

　　若GT Designer3和GOT的OS版本不同，工程数据将无法正确动作，这时应单击"是"按钮，以写入OS。

　　一旦写入OS，将会先删除GOT的OS，然后再向其中写入GT Designer3的OS，因此GOT中的OS文件种类、OS数量将可能出现变化（降低OS版本时，尚未支持的OS将被删除）。中断写入时，应单击"否"按钮。

　　另外，在工程数据写入时需要注意：

　　（1）不可切断GOT的电源。

　　（2）不可按下GOT的复位按钮。

　　（3）不可拔出通信电缆。

　　（4）不可切断计算机的电源。

　　若写入工程数据失败，则需要通过GOT的实用菜单功能，先将工程数据删除，然后再重新写入工程数据。

图12-48所示为从触摸屏中读取工程数据操作。当需要对触摸屏中的工程数据进行备份时，应将GOT中的工程数据读取至计算机的硬盘等存储设备中进行保存。

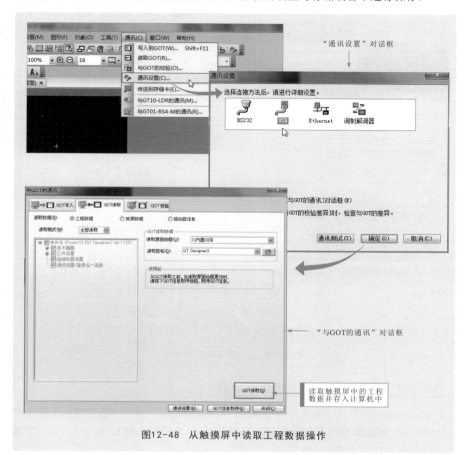

图12-48 从触摸屏中读取工程数据操作

读取工程数据时，在菜单栏中选择"通讯"→"通讯设置"命令，在打开的"通讯设置"对话框中进行通讯设置。然后选择"通讯"→"读取GOT"命令，在弹出"与GOT的通讯"对话框中选择"GOT读取"页。

校验工程数据是指对GOT本体中的工程数据和通过GT Designer3打开的工程数据进行校验，包括检查数据内容，用以判断工程数据是否存在差异；检查数据更新时间，用以判断工程数据的更新时间是否存在差异。

图12-49所示为工程数据的校验方法。在菜单栏中选择"通讯"→"通讯设置"命令，在打开的"通讯设置"对话框中进行通讯设置。然后选择"通讯"→"与GOT的校验"命令。

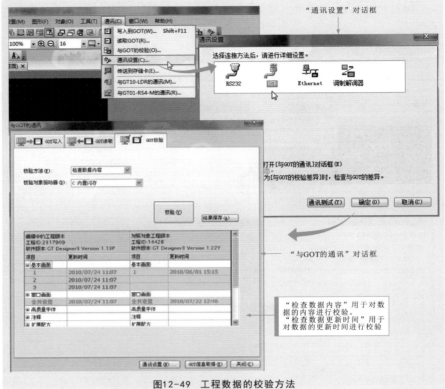

图12-49 工程数据的校验方法

12.5.4 | GT Simulator3仿真软件

GT Simulator3软件为触摸屏仿真软件，也称为模拟器，即用于在计算机未连接触摸屏时，作为模拟器模拟软件所设计的画面及相关操作。图12-50所示为启动GT Designer3触摸屏仿真软件的操作。

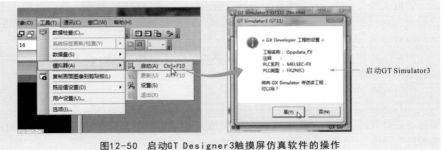

图12-50 启动GT Designer3触摸屏仿真软件的操作

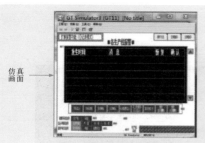

图12-50　启动GT Designer3触摸屏仿真软件的操作（续）

触摸屏画面设计完成后，选择菜单栏中的"通讯"→"写入到GOT"命令，打开"与GOT的通讯"对话框。在该对话框中将"写入模式"设置为"选择写入数据"，单击"GOT写入"按钮，开始与GOT通信，如图12-51所示。

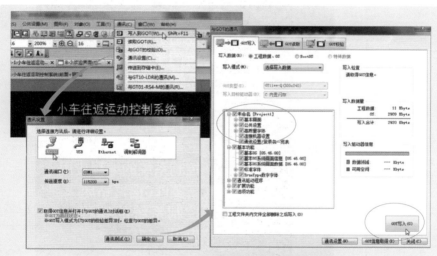

图12-51　写入GOT（软件与触摸屏的通信）

图12-52所示为"小车往返运动控制系统"的联机运行界面效果。

手指触摸任意位置，可进入"操作界面"，在"操作界面"中单击"返回"按钮可返回到"欢迎界面"；进入"操作界面"后，单击"设定运行时间"，弹出小窗口，提示输入一个数字作为运行时间；单击"操作界面"中的"往""返""停止"等按钮进行系统控制

欢迎界面（设计）　　　　操作界面（设计）

图12-52　"小车往返运动控制系统"的联机运行界面效果

13

本章系统介绍PLC编程应用案例。

- 西门子PLC平面磨床控制系统的编程应用
- 西门子PLC车床控制系统的编程应用
- 三菱PLC电动葫芦控制系统的编程应用
- 三菱PLC混凝土搅拌控制系统的编程应用
- 三菱PLC摇臂钻床控制系统的编程应用

第13章
PLC编程应用案例

13.1 西门子PLC平面磨床控制系统的编程应用

13.1.1 西门子PLC平面磨床控制系统的结构

平面磨床是一种利用砂轮旋转研磨工件平面或成型表面的设备。典型平面磨床PLC控制电路主要由控制按钮、接触器、西门子PLC、负载电动机、热保护继电器、电源总开关等部分构成，如图13-1所示。

整个电路主要由PLC、与PLC输入接口连接的控制部件（KV-1、SB1～SB10、FR1～FR3）、与PLC输出接口连接的执行部件（KM1～KM6）等构成。在该电路中，PLC控制器采用的是西门子S7-200 SMART型PLC。

表13-1所示为采用西门子S7-200 SMART型PLC的M7120型平面磨床控制电路I/O分配表。

表13-1　采用西门子S7-200 SMART型PLC的M7120型平面磨床控制电路I/O分配表

输入信号及地址编号			输出信号及地址编号		
名称	代号	输入点地址编号	名称	代号	输出点地址编号
电压继电器	KV-1	I0.0	液压泵电动机M1接触器	KM1	Q0.0
总停止按钮	SB1	I0.1	砂轮及冷却泵电动机M2和M3接触器	KM2	Q0.1
液压泵电动机M1停止按钮	SB2	I0.2	砂轮升降电动机M4上升控制接触器	KM3	Q0.2
液压泵电动机M1启动按钮	SB3	I0.3	砂轮升降电动机M4下降控制接触器	KM4	Q0.3
砂轮及冷却泵电动机停止按钮	SB4	I0.4	电磁吸盘充磁接触器	KM5	Q0.4
砂轮及冷却泵电动机启动按钮	SB5	I0.5	电磁吸盘退磁接触器	KM6	Q0.5
砂轮升降电动机M4上升按钮	SB6	I0.6			
砂轮升降电动机M4下降按钮	SB7	I0.7			
电磁吸盘YH充磁按钮	SB8	I1.0			
电磁吸盘YH充磁停止按钮	SB9	I1.1			
电磁吸盘YH退磁按钮	SB10	I1.2			
液压泵电动机M1热继电器	FR1	I1.3			
砂轮电动机M2热继电器	FR2	I1.4			
冷却泵电动机M3热继电器	FR3	I1.5			

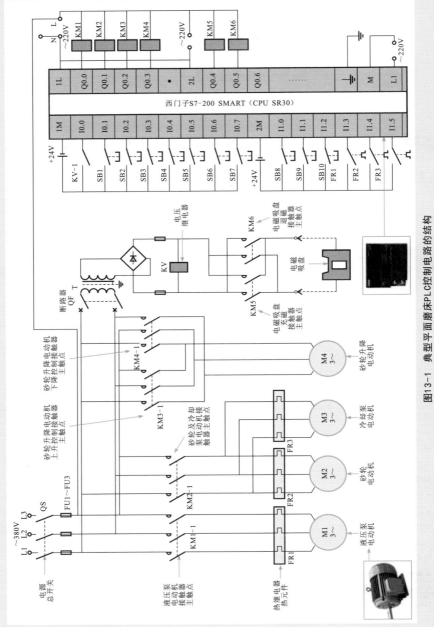

图13-1 典型平面磨床PLC控制电路的结构

13.1.2 | 西门子PLC平面磨床的控制与编程

典型平面磨床的具体控制过程由PLC内编写的程序控制。为了方便了解，我们在梯形图各编程元件下方标注了其对应于传统控制系统的按钮、交流接触器的触点、线圈等字母标识。

图13-2所示为典型平面磨床PLC控制电路中的梯形图及语句表。

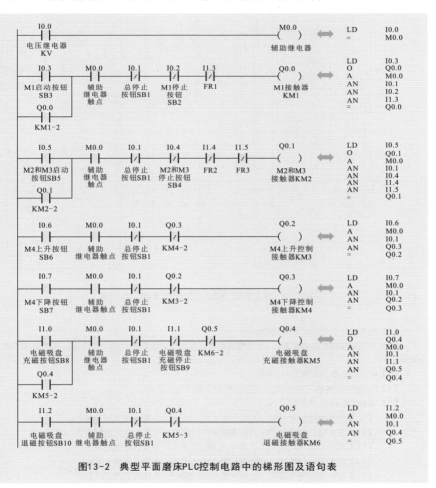

图13-2 典型平面磨床PLC控制电路中的梯形图及语句表

从控制部件、PLC（内部梯形图程序）与执行部件的控制关系入手，逐一分析各组成部件的动作状态，掌握典型平面磨床PLC控制电路的控制过程。

图13-3所示为典型平面磨床PLC控制电路的工作过程。

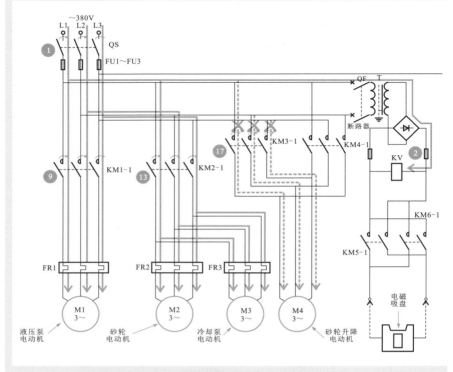

图13-3 典型平面磨床PLC控制电路的工作过程

【1】闭合电源总开关QS和断路器QF。

【2】交流电压经控制变压器T、桥式整流电路后加到电磁吸盘的充磁退磁电路，同时电压继电器KV线圈得电。

【3】电压继电器常开触点KV-1闭合。

【4】PLC程序中的输入继电器I0.0置1，即常开触点I0.0闭合。

【5】辅助继电器M0.0得电。

　　【5-1】控制输出继电器Q0.0的常开触点M0.0闭合，为其得电做好准备。

　　【5-2】控制输出继电器Q0.1的常开触点M0.0闭合，为其得电做好准备。

　　【5-3】控制输出继电器Q0.2的常开触点M0.0闭合，为其得电做好准备。

　　【5-4】控制输出继电器Q0.3的常开触点M0.0闭合，为其得电做好准备。

　　【5-5】控制输出继电器Q0.4的常开触点M0.0闭合，为其得电做好准备。

　　【5-6】控制输出继电器Q0.5的常开触点M0.0闭合，为其得电做好准备。

【6】按下液压泵电动机启动按钮SB3。

【7】PLC程序中的输入继电器I0.3置1，即常开触点I0.3闭合。

【8】输出继电器Q0.0线圈得电。

　　【8-1】自锁常开触点Q0.0闭合，实现自锁功能。

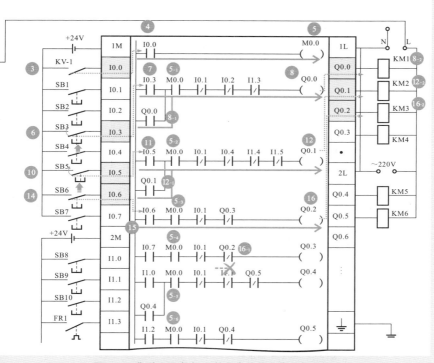

图13-3 典型平面磨床PLC控制电路的工作过程（续1）

【8-2】控制PLC外接液压泵电动机接触器KM1线圈得电吸合。

【9】主电路中的主触点KM1-1闭合，液压泵电动机M1启动运转。

【10】按下砂轮和冷却泵电动机启动按钮SB5。

【11】将PLC程序中的输入继电器I0.5置1，即常开触点I0.5闭合。

【12】输出继电器Q0.1线圈得电。

　　【12-1】自锁常开触点Q0.1闭合，实现自锁功能。

　　【12-2】控制PLC外接砂轮和冷却泵电动机接触器KM2线圈得电吸合。

【13】主电路中的主触点KM2-1闭合，砂轮和冷却泵电动机M2、M3同时启动运转。

【14】若需要对砂轮电动机M4进行点动控制时，可按下砂轮升降电动机上升启动按钮SB6。

【15】PLC程序中的输入继电器I0.6置1，即常开触点I0.6闭合。

【16】输出继电器Q0.2线圈得电。

　　【16-1】控制输出继电器Q0.3的互锁闭合触点Q0.2断开，防止Q0.3得电。

　　【16-2】控制PLC外接砂轮升降电动机接触器KM3线圈得电吸合。

【17】主电路中主触点KM3-1闭合，接通砂轮升降电动机M4正向电源，砂轮电动机M4正向启动运转，砂轮上升。

【18】当砂轮上升到要求高度时，松开按钮SB6。

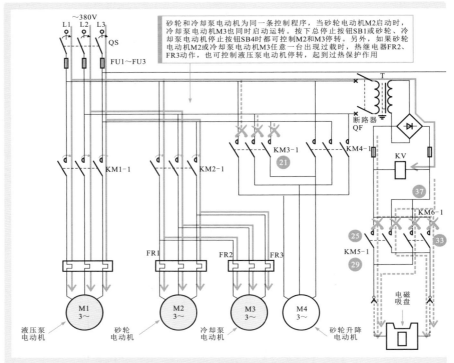

图13-3 典型平面磨床PLC控制电路的工作过程（续2）

【19】将PLC程序中的输入继电器I0.6复位置0，即常开触点I0.6断开。

【20】输出继电器Q0.2线圈失电。

　　【20-1】互锁常闭触点Q0.2复位闭合，为输出继电器Q0.3线圈得电做好准备。

　　【20-2】控制PLC外接砂轮升降电动机接触器KM3线圈失电释放。

【21】主电路中主触点KM3-1复位断开，切断砂轮升降电动机M4正向电源，砂轮升降电动机M4停转，砂轮停止上升。

　　液压泵停机过程与启动过程相似。按下总停止按钮SB1或液压泵停止按钮SB2都可控制液压泵电动机停转。另外，如果液压泵电动机M1过载，热继电器FR1动作，也可控制液压泵电动机停转，起到过热保护作用。

【22】按下电磁吸盘充磁按钮SB8。

【23】PLC程序中的输入继电器I1.0置1，即常开触点I1.0闭合。

【24】输出继电器Q0.4线圈得电。

　　【24-1】自锁常开触点Q0.4闭合，实现自锁功能。

　　【24-2】控制输出继电器Q0.5的互锁常闭触点Q0.4断开，防止输出继电器Q0.5得电。

　　【24-3】控制PLC外接电磁吸盘充磁接触器KM5线圈得电吸合。

【25】带动主电路中主触点KM5-1闭合，形成供电回路，电磁吸盘YH开始充磁，使工件牢牢吸合。

【26】待工件加工完毕，按下电磁吸盘充磁停止按钮SB9。

【27】PLC程序中的输入继电器I1.1置1，即常闭触点I1.1断开。

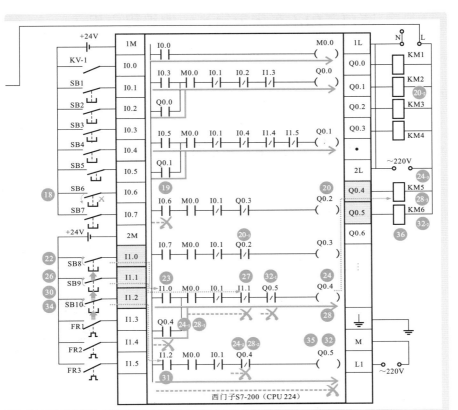

图13-3 典型平面磨床PLC控制电路的工作过程（续3）

【28】输出继电器Q0.4线圈失电。

　　【28-1】自锁常开触点Q0.4复位断开，解除自锁。

　　【28-2】互锁常闭触点Q0.4复位闭合，为Q0.5得电做好准备。

　　【28-3】控制PLC外接电磁吸盘充磁接触器KM5线圈失电释放。

【29】主电路中主触点KM5-1复位断开，切断供电回路，电磁吸盘停止充磁，但由于剩磁作用工件仍无法取下。

【30】为电磁吸盘进行退磁，按下电磁吸盘退磁按钮SB10。

【31】将PLC程序中的输入继电器I1.2置1，即常开触点I1.2闭合。

【32】输出继电器Q0.5线圈得电。

　　【32-1】控制输出继电器Q0.4的互锁常闭触点Q0.5断开，防止Q0.4得电。

　　【32-2】控制PLC外接电磁吸盘充磁接触器KM6线圈得电吸合。

【33】主带动主电路中主触点KM6-1闭合，构成反向充磁回路，电磁吸盘开始退磁。

【34】退磁完毕后，松开按钮SB10。

【35】输出继电器Q0.5线圈失电。

【36】接触器KM6线圈失电释放。

【37】主电路中主触点KM6-1复位断开，切断回路。电磁吸盘退磁完毕，此时即可取下工件。

13.2 西门子PLC车床控制系统的编程应用

13.2.1 西门子PLC车床控制系统的结构

车床是主要用车刀对旋转的工件进行车削加工的机床。图13-4所示为由西门子S7-200 PLC控制的C650型卧式车床控制电路。该电路主要以西门子S7-200 PLC为控制核心。

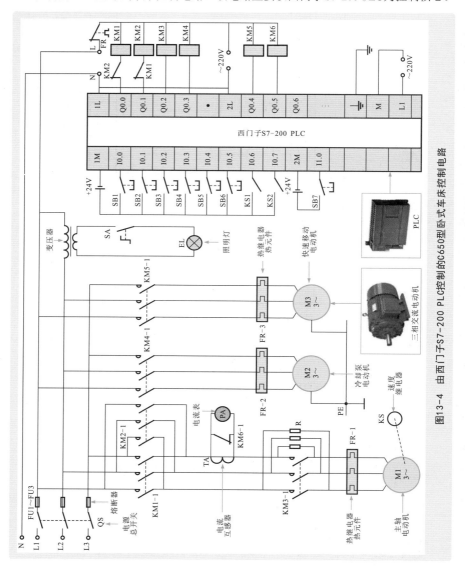

图13-4 由西门子S7-200 PLC控制的C650型卧式车床控制电路

表13-2所示为由西门子S7-200 PLC控制的C650型卧式车床控制电路的I/O地址分配。

表13-2 由西门子S7-200 PLC控制的C650型卧式车床控制电路的I/O地址分配

输入信号及地址编号			输出信号及地址编号		
名 称	代号	输入点地址编号	名 称	代号	输出点地址编号
停止按钮	SB1	I0.0	主轴电动机M1正转接触器	KM1	Q0.0
点动按钮	SB2	I0.1	主轴电动机M1反转接触器	KM2	Q0.1
正转启动按钮	SB3	I0.2	切断电阻接触器	KM3	Q0.2
反转启动按钮	SB4	I0.3	冷却泵接触器	KM4	Q0.3
冷却泵启动按钮	SB5	I0.4	快速移动电动机M3接触器	KM5	Q0.4
冷却泵停止按钮	SB6	I0.5	电流表接入接触器	KM6	Q0.5
速度继电器正转触点	KS1	I0.6			
速度继电器反转触点	KS2	I0.7			
刀架快速移动点动按钮	SB7	I1.0			

13.2.2 西门子PLC车床的控制与编程

车床的具体控制过程由PLC内编写的程序决定。图13-5所示为C650型卧式车床PLC控制电路中PLC内部梯形图程序。

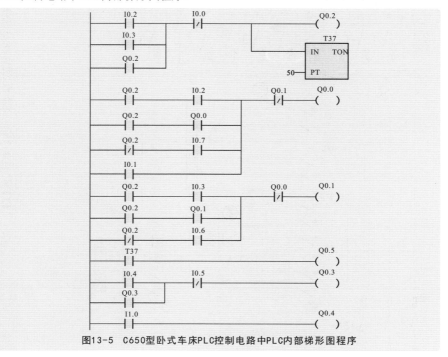

图13-5 C650型卧式车床PLC控制电路中PLC内部梯形图程序

图13-6所示为由西门子S7-200 PLC控制的C650型卧式车床控制电路的控制过程。

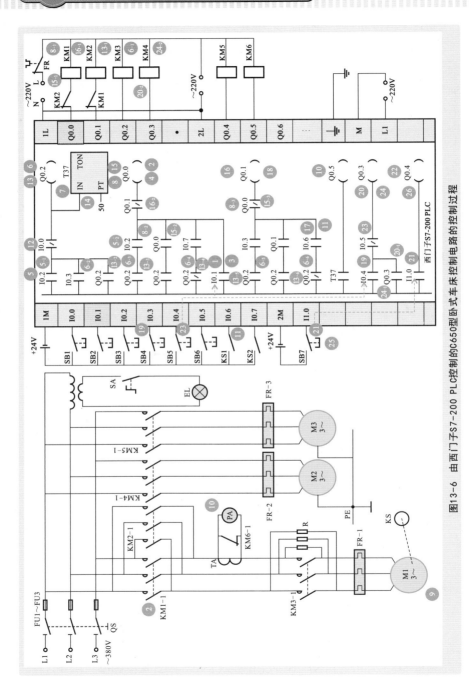

图13-6 由西门子S7-200 PLC控制的C650型卧式车床控制电路的控制过程

【1】按下点动按钮SB2，输入继电器I0.1置1，即常开触点I0.1闭合。

【2】输出继电器Q0.0的线圈得电，控制PLC外接主轴电动机M1正转接触器KM1线圈得电，带动主电路中的主触点KM1-1闭合，接通M1正转电源，M1正转启动。

【3】松开点动按钮SB2，输入继电器I0.1复位置0，即常开触点I0.1断开。

【4】输出继电器Q0.0的线圈失电，控制PLC外接主轴电动机M1正转接触器KM1线圈失电释放，M1停转。

上述控制过程使主轴电动机M1完成一次点动控制循环。

【5】按下正转启动按钮SB3，输入继电器I0.2的常开触点置1。

　　【5-1】控制输出继电器Q0.2的常开触点I0.2闭合。

　　【5-2】控制输出继电器Q0.0的常开触点I0.2闭合。

【5-1】→【6】输出继电器Q0.2的线圈得电。

　　【6-1】KM3的线圈得电，带动主触点KM3-1闭合。

　　【6-2】自锁常开触点Q0.2闭合，实现自锁功能。

　　【6-3】控制输出继电器Q0.0的常开触点Q0.2闭合。

　　【6-4】控制输出继电器Q0.0的常闭触点Q0.2断开。

　　【6-5】控制输出继电器Q0.1的常开触点Q0.2闭合。

　　【6-6】控制输出继电器Q0.1制动线路中的常闭触点Q0.2断开。

【5-1】→【7】定时器T37的线圈得电，开始5s计时。计时时间到，定时器延时闭合常开触点T37。

【5-2】+【6-3】→【8】输出继电器Q0.0的线圈得电。

　　【8-1】KM1线圈得电吸合。

　　【8-2】自锁常开触点Q0.0闭合，实现自锁功能。

　　【8-3】控制输出继电器Q0.1的常闭触点Q0.0断开，实现互锁，防止Q0.1得电。

【6-1】+【8-1】→【9】M1短接电阻器R正转启动。

【7】→【10】输出继电器Q0.5的线圈得电，KM6的线圈得电吸合，带动主电路中常闭触点KM6-1断开，电流表PA投入使用。

【11】主轴电动机M1正转启动，转速上升至130r/min后，速度继电器KS的正转触点KS1闭合，输入继电器I0.6的常开触点置1，即常开触点I0.6闭合。

【12】按下停止按钮SB1，输入继电器I0.0置1，即常闭触点I0.0断开。

【12】→【13】输出继电器Q0.2的线圈失电。

　　【13-1】KM3的线圈失电释放。

　　【13-2】自锁常开触点Q0.2复位断开，解除自锁。

　　【13-3】控制输出继电器Q0.0中的常开触点Q0.2复位断开。

　　【13-4】控制输出继电器Q0.0制动线路中的常闭触点Q0.2复位闭合。

　　【13-5】控制输出继电器Q0.1中的常开触点Q0.2复位断开。

　　【13-6】控制输出继电器Q0.1制动线路中的常闭触点Q0.2复位闭合。

【12】→【14】定时器线圈T37失电。

【13-3】→【15】输出继电器Q0.0线圈失电。

　　【15-1】KM1线圈失电释放，带动主电路中常开触点KM1-1复位断开。

　　【15-2】自锁常开触点Q0.0复位断开，解除自锁。

　　【15-3】控制输出继电器Q0.1的互锁常闭触点Q0.0闭合。

【11】+【13-6】+【15-3】→【16】输出继电器Q0.1的线圈得电。

　　【16-1】控制KM2线圈得电，M1串电阻R反接启动。

　　【16-2】控制输出继电器Q0.0的互锁常闭触点Q0.1断开，防止Q0.0得电。

【16-1】→【17】当电动机转速下降至130r/min时，速度继电器KS的正转触点KS1断开，输入继电器I0.6的常开触点复位置0，即常开触点I0.6断开。

【17】→【18】输出继电器Q0.1的线圈失电，KM2的线圈失电释放，M1停转，反接制动结束。

【19】按下冷却泵启动按钮SB5，输入继电器I0.4的常开触点置1，即常开触点I0.4闭合。

【19】→【20】输出继电器线圈Q0.3得电。

　　【20-1】自锁常开触点Q0.3闭合，实现自锁功能。

　　【20-2】KM4的线圈得电吸合，带动主电路中主触点KM4-1闭合，冷却泵电动机M2启动，提供冷却液。

【21】按下刀架快速移动点动按钮SB7，输入继电器I1.0置1，即常开触点I1.0闭合。

【21】→【22】输出继电器线圈Q0.4得电，KM5的线圈得电吸合，带动主电路中主触点KM5-1闭合，快速移动电动机M3启动，带动刀架快速移动。

【23】按下冷却泵停止按钮SB6，输入继电器I0.5置1，即常闭触点I0.5断开。

【23】→【24】输出继电器Q0.3的线圈失电。

　　【24-1】自锁常开触点Q0.3复位断开，解除自锁。

　　【24-2】KM4的线圈失电释放，带动主电路中主触点KM4-1断开，冷却泵电动机M2停转。

【25】松开刀架快速移动点动按钮SB7，输入继电器I1.0置0，即常开触点I1.0复位断开。

【25】→【26】输出继电器Q0.4的线圈失电，KM5的线圈失电释放，带动主触点KM5-1断开，快速移动电动机M3停转。

13.3　三菱PLC电动葫芦控制系统的编程应用

13.3.1　三菱PLC电动葫芦控制系统的结构

　　电动葫芦是起重运输机械的一种，主要用来提升或下降、平移重物，图13-7所示为其PLC控制电路的结构。

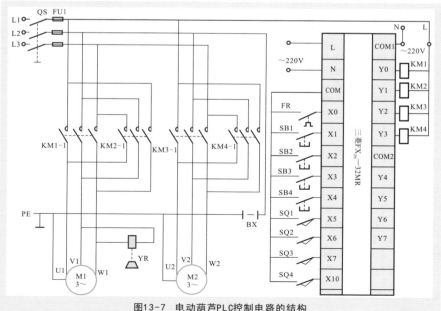

图13-7　电动葫芦PLC控制电路的结构

整个电路主要由PLC、与PLC输入接口连接的控制部件（SB1～SB4、SQ1～SQ4）、与PLC输出接口连接的执行部件（KM1～KM4）等构成。

在该电路中，PLC控制器采用的是三菱FX_{2N}-32MR型PLC，外部的控制部件和执行部件都是通过PLC控制器预留的I/O接口连接到PLC上的，各部件之间没有复杂的连接关系。

表13-3所示为采用三菱FX_{2N}-32MR型PLC的电动葫芦控制电路I/O分配表。

表13-3 采用三菱FX_{2N}-32MR型PLC的电动葫芦控制电路I/O分配表

输入信号及地址编号			输出信号及地址编号		
名 称	代号	输入点地址编号	名 称	代号	输出点地址编号
电动葫芦上升点动按钮	SB1	X1	电动葫芦上升接触器	KM1	Y0
电动葫芦下降点动按钮	SB2	X2	电动葫芦下降接触器	KM2	Y1
电动葫芦左移点动按钮	SB3	X3	电动葫芦左移接触器	KM3	Y2
电动葫芦右移点动按钮	SB4	X4	电动葫芦右移接触器	KM4	Y3
电动葫芦上升限位开关	SQ1	X5			
电动葫芦下降限位开关	SQ2	X6			
电动葫芦左移限位开关	SQ3	X7			
电动葫芦右移限位开关	SQ4	X10			

13.3.2 | 三菱PLC电动葫芦的控制与编程

电动葫芦的具体控制过程由PLC内编写的程序决定。为了方便了解，在梯形图各编程元件下方标注了其对应于传统控制系统的按钮、交流接触器的触点、线圈等字母标识。

图13-8所示为电动葫芦PLC控制电路中PLC内部梯形图程序。

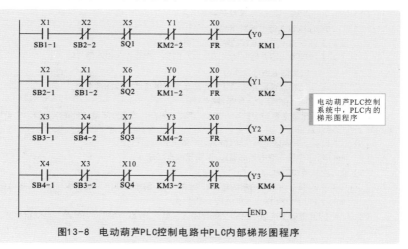

图13-8 电动葫芦PLC控制电路中PLC内部梯形图程序

将PLC内部梯形图与外部电气部件控制关系结合，分析电动葫芦PLC控制电路。图13-9所示为在三菱PLC控制下电动葫芦的工作过程。

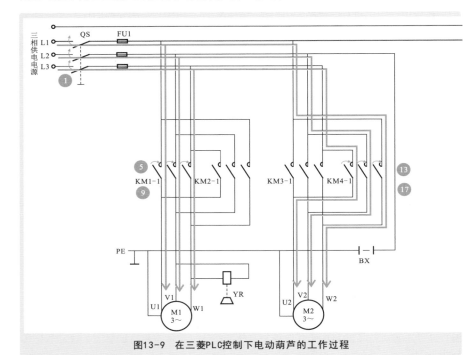

图13-9　在三菱PLC控制下电动葫芦的工作过程

【1】闭合电源总开关QS，接通三相电源。

【2】按下上升点动按钮SB1，其常开触点闭合。

【3】将PLC程序中输入继电器X1置1。

　　【3-1】控制输出继电器Y0的常开触点X1闭合。

　　【3-2】控制输出继电器Y1的常闭触点X1断开，实现输入继电器互锁。

【3-1】→【4】输出继电器Y0线圈得电。

　　【4-1】常闭触点Y0断开实现互锁，防止输出继电器Y1线圈得电。

　　【4-2】控制PLC外接交流接触器KM1线圈得电。

【4-1】→【5】带动主电路中的常开主触点KM1-1闭合，接通升降电动机正向电源，电动机正向启动运转，开始提升重物。

【6】当电动机上升到限位开关SQ1位置时，限位开关SQ1动作。

【7】将PLC程序中输入继电器X5置1，即常闭触点X5断开。

【8】输出继电器Y0失电。

　　【8-1】控制Y1线路中的常闭触点Y0复位闭合，解除互锁，为输出继电器Y1得电做好准备。

　　【8-2】控制PLC外接交流接触器线圈KM1失电。

【8-2】→【9】带动主电路中常开主触点断开，断开升降电动机正向电源，电动机停转，停止提升重物。

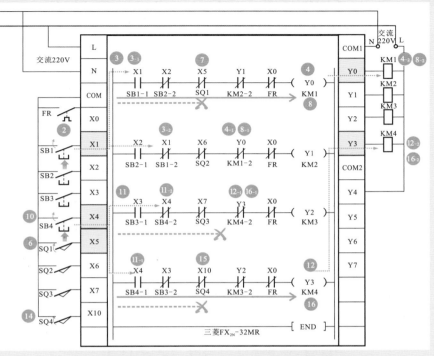

图13-9　在三菱PLC控制下电动葫芦的工作过程（续）

【10】按下右移点动按钮SB4。

【11】将PLC程序中输入继电器X4置1。

　　【11-1】控制输出继电器Y3的常开触点X4闭合。

　　【11-2】控制输出继电器Y2的常闭触点X4断开，实现输入继电器互锁。

【11-1】→【12】输出继电器Y3线圈得电。

　　【12-1】常闭触点Y3断开实现互锁，防止输出继电器Y2线圈得电。

　　【12-2】控制PLC外接交流接触器KM4线圈得电。

【12-2】→【13】带动主电路中的常开主触点KM4-1闭合，接通位移电动机正向电源，电动机正向启动运转，开始带动重物向右平移。

【14】当电动机右移到限位开关SQ4位置时，限位开关SQ4动作。

【15】将PLC程序中输入继电器X10置1，即常闭触点X10断开。

【16】输出继电器Y3线圈失电。

　　【16-1】控制输出继电器Y2的常闭触点Y3复位闭合，解除互锁，为输出继电器Y2得电做好准备。

　　【16-2】控制PLC外接交流接触器KM4线圈失电。

【16-2】→【17】带动常开主触点KM4-1断开，断开移位电动机正向电源，电动机停转，停止平移重物。

13.4 三菱PLC混凝土搅拌控制系统的编程应用

13.4.1 三菱PLC混凝土搅拌控制系统的结构

混凝土搅拌机用于将一些沙石料进行搅拌加工，变成工程建筑物所用的混凝土。混凝土搅拌机PLC控制电路的结构组成如图13-10所示，可以看到，该电路主要由三菱系列PLC、控制按钮、交流接触器、搅拌机电动机、热继电器等部分构成。

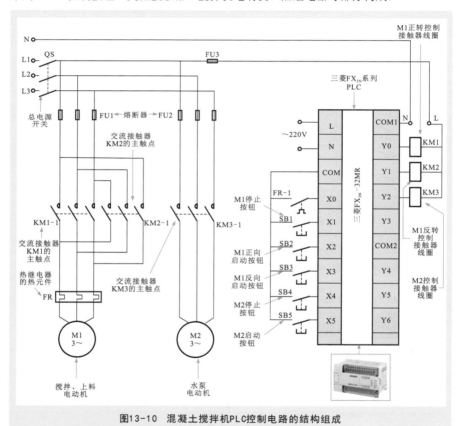

图13-10　混凝土搅拌机PLC控制电路的结构组成

在该电路中，PLC控制器采用的是三菱FX$_{2N}$–32MR型PLC，外部的控制部件和执行部件都是通过PLC控制器预留的I/O接口连接到PLC上的，各部件之间没有复杂的连接关系。

PLC输入接口外接的按钮开关、行程开关等控制部件和交流接触器线圈（即执行部件）分别连接到PLC相应的I/O接口上，它是根据PLC控制系统设计之初建立的I/O分配表进行连接分配的，其所连接的接口名称也将对应于PLC内部程序的编程地址编号。

表13-4所示为由三菱FX$_{2N}$-32MR型PLC控制的混凝土搅拌机控制系统I/O分配表。

表13-4　由三菱FX$_{2N}$-32MR型PLC控制的混凝土搅拌机控制系统I/O分配表

输入信号及地址编号			输出信号及地址编号		
名　称	代号	输入点地址编号	名　称	代号	输出点地址编号
热继电器	FR	X0	搅拌、上料电动机M1正转控制接触器	KM1	Y0
搅拌、上料电动机M1停止按钮	SB1	X1	搅拌、上料电动机M1反转控制接触器	KM2	Y1
搅拌、上料电动机M1正向启动按钮	SB2	X2	水泵电动机M2控制接触器	KM3	Y2
搅拌、上料电动机M1反向启动按钮	SB3	X3			
水泵电动机M2停止按钮	SB4	X4			
水泵电动机M2启动按钮	SB5	X5			

13.4.2 │ 三菱PLC混凝土搅拌系统的控制与编程

混凝土搅拌机的具体控制过程由PLC内编写的程序决定。为了方便了解，在梯形图各编程元件下方标注了其对应于传统控制系统的按钮、交流接触器的触点、线圈等字母标识。

图13-11所示为混凝土搅拌机PLC控制电路中PLC内部梯形图程序。

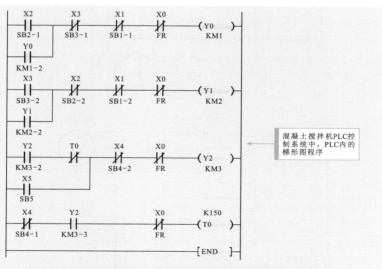

图13-11　混凝土搅拌机PLC控制电路中PLC内部梯形图程序

将PLC输入设备的动作状态与梯形图程序结合，了解PLC外接输出设备与电动机主电路之间的控制关系，了解混凝土搅拌机的具体控制过程。

图13-12所示为在三菱PLC控制下混凝土搅拌机的工作过程。

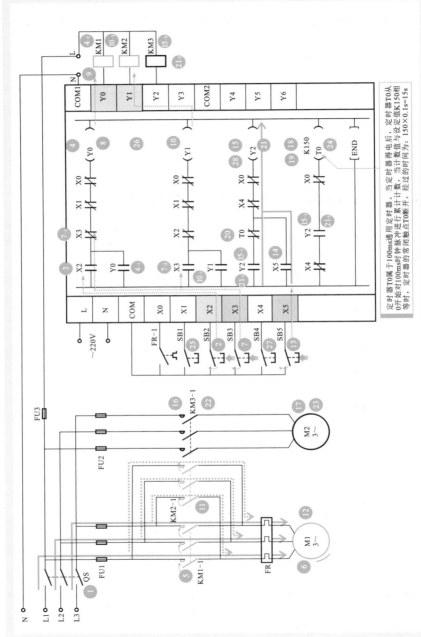

定时器T0属于100ms通用定时器。当定时器得电后，定时器T0从0开始对100ms时钟脉冲进行累计计数，当计数值与设定值K150相等时，定时器的常闭触点T0断开。经过的时间为：150×0.1s=15s

图13-12 在三菱PLC控制下混凝土搅拌机的工作过程

【1】合上电源总开关QS，接通三相电源。

【2】按下正向启动按钮SB2，其触点闭合。

【3】将PLC内X2的常开触点置1，即该触点闭合。

【4】PLC内输出继电器Y0线圈得电。

　　【4-1】输出继电器Y0的常开自锁触点Y0闭合自锁，确保在松开正向启动按钮SB2时，Y0仍
　　　　　保持得电。

　　【4-2】控制PLC输出接口外接交流接触器KM1线圈得电。

【4-2】→【5】带动主电路中交流接触器KM1主触点KM1-1闭合。

【6】此时电动机接通的相序为L1、L2、L3，电动机M1正向启动运转。

【7】当需要电动机反向运转时，按下反向启动按钮SB3，其触点闭合，将PLC内输入继电器X3置1。

　　【7-1】常闭触点X3断开。

　　【7-2】常开触点X3闭合。

【7-1】→【8】PLC内输出继电器Y0线圈失电。

【9】KM1线圈失电，其触点全部复位。

【7-2】→【10】PLC内输出继电器Y1线圈得电。

　　【10-1】输出继电器Y1的常开自锁触点Y1闭合自锁，确保松开反向启动按钮SB3时，Y1仍保
　　　　　持得电。

　　【10-2】控制PLC输出接口外接交流接触器KM2线圈得电。

【10-2】→【11】带动主电路中交流接触器KM2主触点KM2-1闭合。

【12】此时电动机接通的相序为L3、L2、L1，电动机M1反向启动运转。

【13】按下电动机M2启动按钮SB5，其触点闭合。

【14】将PLC内X5的常开触点置1，即该触点闭合。

【15】PLC内输出继电器Y2线圈得电。

　　【15-1】输出继电器Y2的常开自锁触点Y2闭合自锁，确保松开电动机M2启动按钮SB5时，
　　　　　Y2仍保持得电。

　　【15-2】控制PLC输出接口外接交流接触器KM3线圈得电。

　　【15-3】控制时间继电器T0的常开触点Y2闭合。

【15-1】→【16】带动主电路中交流接触器KM3主触点KM3-1闭合。

【17】此时电动机M2接通三相电源，电动机M2启动运转，开始注水。

【15-3】→【18】时间继电器T0线圈得电。

【19】定时器开始为注水时间计时，计时15s后，定时器计时时间到。

【20】定时器控制输出继电器Y2的常闭触点断开。

【21】PLC内输出继电器Y2线圈失电。

　　【21-1】输出继电器Y2的常开自锁触点Y2复位断开，解除自锁，为下一次启动做好准备。

　　【21-2】控制PLC输出接口外接交流接触器KM3线圈失电。

　　【21-3】控制时间继电器T0的常开触点Y2复位断开。

【21-2】→【22】交流接触器KM3主触点KM3-1复位断开。

【23】水泵电动机M2失电，停转，停止注水操作。

【21-3】→【24】时间继电器T0线圈失电，时间继电器所有触点复位，为下一次计时做好准备。

【25】当按下搅拌、上料停机按钮SB1时，其将PLC内的X1置1，即该常闭触点断开。

【26】输出继电器线圈Y0或Y1失电，同时常开触点复位断开，PLC外接交流接触器线圈KM1或
KM2失电，主电路中的主触点复位断开，切断电动机M1电源，电动机M1停止正向或反向运转。

【27】当按下水泵停止按钮SB4时，其将PLC内的X4置1，即该常闭触点断开。

【28】输出继电器线圈Y2失电，同时其常开触点复位断开，PLC外接交流接触器线圈KM3失电，主
电路中的主触点复位断开，切断水泵电动机M2电源，停止对滚筒内部进行注水。同时定时器T0线圈失
电复位。

13.5 三菱PLC摇臂钻床控制系统的编程应用

13.5.1 三菱PLC摇臂钻床控制系统的结构

摇臂钻床是一种对工件进行钻孔、扩孔以及攻螺纹等的工控设备。由PLC与外接电气部件构成控制电路，实现电动机的启停、换向，从而实现设备的进给、升降等控制。

图13-13所示为摇臂钻床PLC控制电路的结构组成。

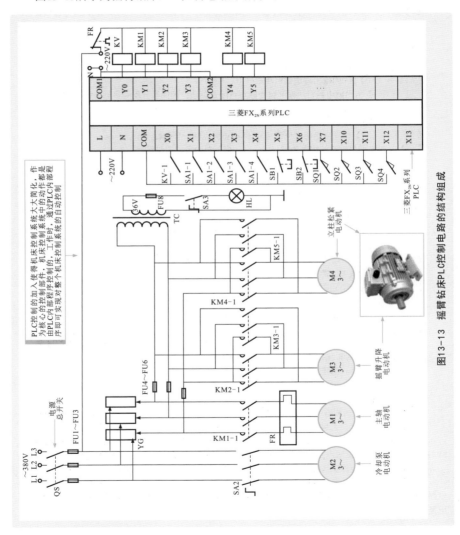

图13-13 摇臂钻床PLC控制电路的结构组成

摇臂钻床PLC控制电路中采用三菱FX₂ₙ系列PLC，外部的按钮开关、限位开关触点和接触器线圈是根据PLC控制电路设计之初建立的I/O分配表进行连接分配的。

表13-5所示为采用三菱FX₂ₙ系列PLC的摇臂钻床控制电路I/O分配表。

表13-5 采用三菱FX₂ₙ系列PLC的摇臂钻床控制电路I/O分配表

输入信号及地址编号			输出信号及地址编号		
名　称	代号	输入点地址编号	名　称	代号	输出点地址编号
电压继电器触点	KV-1	X0	电压继电器	KV	Y0
十字开关的控制电路电源接通触点	SA1-1	X1	主轴电动机M1接触器	KM1	Y1
十字开关的主轴运转触点	SA1-2	X2	摇臂升降电动机M3上升接触器	KM2	Y2
十字开关的摇臂上升触点	SA1-3	X3	摇臂升降电动机M3下降接触器	KM3	Y3
十字开关的摇臂下降触点	SA1-4	X4	立柱松紧电动机M4放松接触器	KM4	Y4
立柱放松按钮	SB1	X5	立柱松紧电动机M4夹紧接触器	KM5	Y5
立柱夹紧按钮	SB2	X6			
摇臂上升上限位开关	SQ1	X7			
摇臂下降下限位开关	SQ2	X10			
摇臂下降夹紧行程开关	SQ3	X11			
摇臂上升夹紧行程开关	SQ4	X12			

13.5.2 三菱PLC摇臂钻床的控制与编程

摇臂钻床的具体控制过程由PLC内编写的程序控制。图13-14所示为摇臂钻床PLC控制电路中的梯形图程序。

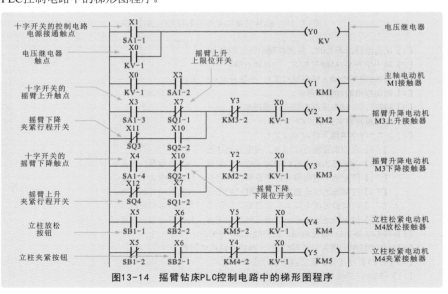

图13-14 摇臂钻床PLC控制电路中的梯形图程序

　　将PLC内部梯形图与外部电气部件控制关系结合，分析摇臂钻床PLC控制电路。图13-15所示为摇臂钻床PLC控制电路的控制过程。

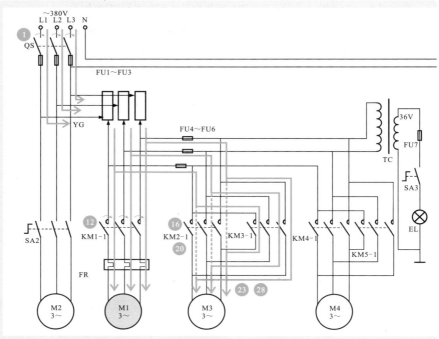

图13-15　摇臂钻床PLC控制电路的控制过程

【1】闭合电源总开关QS，接通控制电路三相电源。

【2】将十字开关SA1拨至左端，常开触点SA1-1闭合。

【3】将PLC程序中输入继电器X1置1，即常开触点X1闭合。

【4】输出继电器Y0线圈得电。

【5】控制PLC外接电压继电器KV线圈得电。

【6】电压继电器常开触点KV-1闭合。

【7】将PLC程序中输入继电器X0置1。

　　【7-1】自锁常开触点X0闭合，实现自锁功能。

　　【7-2】控制输出继电器Y1的常开触点X0闭合，为其得电做好准备。

　　【7-3】控制输出继电器Y2的常开触点X0闭合，为其得电做好准备。

　　【7-4】控制输出继电器Y3的常开触点X0闭合，为其得电做好准备。

　　【7-5】控制输出继电器Y4的常开触点X0闭合，为其得电做好准备。

　　【7-6】控制输出继电器Y5的常开触点X0闭合，为其得电做好准备。

【8】将十字开关SA1拨至右端，常开触点SA1-2闭合。

【9】将PLC程序中输入继电器X2置1，即常开触点X2闭合。

【7-2】+【9】→【10】输出继电器Y1线圈得电。

【11】控制PLC外接接触器KM1线圈得电。

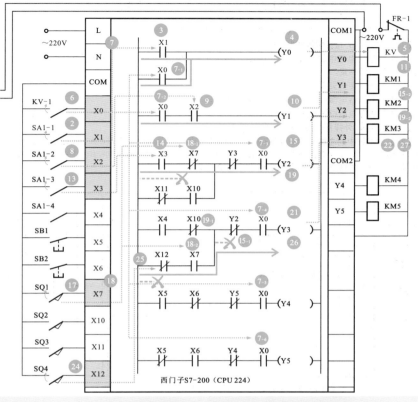

图13-15　摇臂钻床PLC控制电路的控制过程（续1）

【12】主电路中的主触点KM1-1闭合，接通主轴电动机M1电源，主轴电动机M1启动运转。

【13】将十字开关拨至上端，常开触点SA1-3闭合。

【14】将PLC程序中输入继电器X3置1，即常开触点X3闭合。

【15】输出继电器Y2线圈得电。

　　【15-1】控制输出继电器Y3的常闭触点Y2断开，实现互锁控制。

　　【15-2】控制PLC外接接触器KM2线圈得电。

【15-2】→【16】主触点KM2-1闭合，接通电动机M3电源，摇臂升降电动机M3启动运转，摇臂开始上升。

【17】当电动机M3上升到预定高度时，触动限位开关SQ1动作。

【18】将PLC程序中输入继电器X7置1。

　　【18-1】常闭触点X7断开。

　　【18-2】常开触点X7闭合。

【18-1】→【19】输出继电器Y2线圈失电。

　　【19-1】控制输出继电器Y3的常闭触点Y2复位闭合。

　　【19-2】控制PLC外接接触器KM2线圈失电。

【19-2】→【20】主触点KM2-1复位断开，切断M3电源，摇臂升降电动机M3停止运转，摇臂停止上升。

【18-2】+【19-1】+【7-4】→【21】输出继电器Y3线圈得电。

【22】控制PLC外接接触器KM3线圈得电。

【23】带动主电路中的主触点KM3-1闭合，接通升降电动机M3反转电源，摇臂升降电动机M3启动反向运转，将摇臂夹紧。

【24】当摇臂完全夹紧后，夹紧限位开关SQ4动作。

【25】将输入继电器X12置1，即闭合触点X12断开。

【26】输出继电器Y3线圈失电。

【27】控制PLC外接接触器KM3线圈失电。

【28】主电路中的主触点KM3-1复位断开，电动机M3停转，摇臂升降电动机M3自动上升并夹紧的控制过程结束。（将十字开关拨至下端，常开触点SA1-4闭合，摇臂升降电动机M3下降并自动夹紧的工作过程与上述过程相似，可参照上述分析过程了解。）

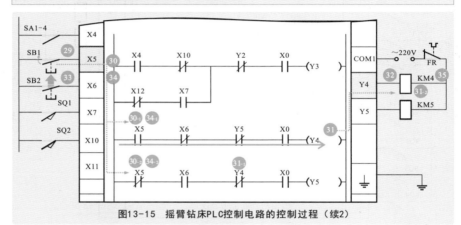

图13-15　摇臂钻床PLC控制电路的控制过程（续2）

【29】按下立柱放松按钮SB1。

【30】PLC程序中的输入继电器X5动作。

　　【30-1】控制输出继电器Y4的常开触点X5闭合。

　　【30-2】控制输出继电器Y5的常闭触点X5断开，防止Y5线圈得电，实现互锁。

【30-1】→【31】输出继电器Y4线圈得电。

　　【31-1】控制输出继电器Y5的常闭触点Y4断开，实现互锁。

　　【31-2】控制PLC外接交流接触器KM4线圈得电。

【31-2】→【32】主电路中的主触点KM4-1闭合，接通电动机M4正向电源，立柱松紧电动机M4正向启动运转，立柱松开。

【33】松开立柱放松按钮SB1。

【34】PLC程序中的输入继电器X5复位。

　　【34-1】常开触点X5复位断开。

　　【34-2】常闭触点X5复位闭合。

【34-1】→【35】PLC外接接触器KM4线圈失电，主电路中的主触点KM4-1复位断开，电动机M4停转。（按下按钮SB2将控制立柱松紧电动机反转，立柱将夹紧，其控制过程与立柱松开的控制过程基本相同，可参照上述分析过程了解。）